Mathematik
Formelsammlung

Erarbeitet von
Prof. Dr. Josef Lauter

unter Mitarbeit der Verlagsredaktion

Cornelsen

Redaktion: Dr. Jürgen Wolff
Herstellung: Wolf-Dieter Stark

Technische Zeichnungen: Wolfgang Mattern, Bochum; Wolf-Dieter Stark
Satz: Universitätsdruckerei H. Stürtz AG, Würzburg

Cornelsen online   http://www.cornelsen.de

1. Auflage   Druck 4 3 2 1   Jahr 05 04 03 02

Alle Drucke dieser Auflage sind inhaltlich unverändert
und können im Unterricht nebeneinander verwendet werden.

© 2002 Cornelsen Verlag, Berlin
Das Werk und seine Teile sind urheberrechtlich geschützt.
Jede Verwertung in anderen als den gesetzlich zugelassenen Fällen
bedarf deshalb der vorherigen schriftlichen Einwilligung des Verlages.

Druck: CS-Druck Cornelsen Stürtz, Berlin

ISBN 3-464-57140-8

Bestellnummer 571408

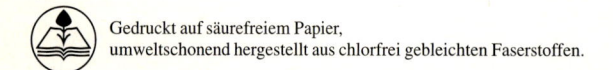

Gedruckt auf säurefreiem Papier,
umweltschonend hergestellt aus chlorfrei gebleichten Faserstoffen.

Inhaltsverzeichnis

Arithmetik und Algebra
Zahlen und ihre Verknüpfungen 5
Aus Mengenlehre und Logik 8
Aus der Algebra 10
Funktionen 17
Prozent-, Zins- und Rentenrechnung 22

Geometrie der Sekundarstufe I
Winkel 24
Dreiecke und Vierecke 25
Kreise 29
Körper 30
Trigonometrie 32

Analysis
Zahlenfolgen 36
Grenzwerte von Funktionen 40
Differentialrechnung 43
Integralrechnung 49

Analytische Geometrie und lineare Algebra
Ebene Geometrie im Kartesischen Koordinatensystem 54
Vektorrechnung 57
Analytische Geometrie in vektorieller Darstellung 63
Lineare Gleichungssysteme. Matrizen 67
Verknüpfungen von Matrizen 69

Stochastik
Grundlagen 71
Mehrstufige Zufallsexperimente. Kombinatorik 76
Zufallsgrößen (Zufallsvariablen) 78
Bernoulli-Experimente. Binomialverteilungen 80
Stetige Zufallsgrößen. Normalverteilung 82
Stichproben 84
Vertrauensintervalle 85
Testen von Hypothesen 86
Tabellen 89
    Zufallsziffern 89
    Binomialverteilung 90
    Kumulierte Binomialverteilung 92
    Normalverteilung 99

Stichwortverzeichnis 100

Primzahlen

Eine natürliche Zahl, die genau zwei verschiedene Teiler hat, heißt **Primzahl**. Die Menge der Primzahlen bezeichnet man mit ℙ. Es gibt unendlich viele Primzahlen. Die folgende Tabelle enthält die ersten 325 Primzahlen.

2	101	233	383	547	701	877	1049	1229	1429	1597	1783	1993
3	103	239	389	557	709	881	1051	1231	1433	1601	1787	1997
5	107	241	397	563	719	883	1061	1237	1439	1607	1789	1999
7	109	251	401	569	727	887	1063	1249	1447	1609	1801	2003
11	113	257	409	571	733	907	1069	1259	1451	1613	1811	2011
13	127	263	419	577	739	911	1087	1277	1453	1619	1823	2017
17	131	269	421	587	743	919	1091	1279	1459	1621	1831	2027
19	137	271	431	593	751	929	1093	1283	1471	1627	1847	2029
23	139	277	433	599	757	937	1097	1289	1481	1637	1861	2039
29	149	281	439	601	761	941	1103	1291	1483	1657	1867	2053
31	151	283	443	607	769	947	1109	1297	1487	1663	1871	2063
37	157	293	449	613	773	953	1117	1301	1489	1667	1873	2069
41	163	307	457	617	787	967	1123	1303	1493	1669	1877	2081
43	167	311	461	619	797	971	1129	1307	1499	1693	1879	2083
47	173	313	463	631	809	977	1151	1319	1511	1697	1889	2087
53	179	317	467	641	811	983	1153	1321	1523	1699	1901	2089
59	181	331	479	643	821	991	1163	1327	1531	1709	1907	2099
61	191	337	487	647	823	997	1171	1361	1543	1721	1913	2111
67	193	347	491	653	827	1009	1181	1367	1549	1723	1931	2113
71	197	349	499	659	829	1013	1187	1373	1553	1733	1933	2129
73	199	353	503	661	839	1019	1193	1381	1559	1741	1949	2131
79	211	359	509	673	853	1021	1201	1399	1567	1747	1951	2137
83	223	367	521	677	857	1031	1213	1409	1571	1753	1973	2141
89	227	373	523	683	859	1033	1217	1423	1579	1759	1979	2143
97	229	379	541	691	863	1039	1223	1427	1583	1777	1987	2153

Wichtige Konstanten

$\pi = 3{,}141\,592\,653\,589\,793\ldots$ Die **Kreiszahl** π ist der Quotient aus dem Flächeninhalt eines Kreises und dem Quadrat des Radius. Sie ergibt sich auch als Verhältnis von Umfang und Länge des Durchmessers eines Kreises. Die Zahl π ist eine Irrationalzahl, kann also als unendlicher nichtperiodischer Dezimalbruch dargestellt werden.

$e = 2{,}718\,281\,828\,459\,045\ldots$ Die **Euler'sche Zahl** e ist der Grenzwert der Folge $\langle(1+\frac{1}{n})^n\rangle$. Sie ist die Basis der Exponentialfunktion, die mit ihrer Ableitung übereinstimmt. Die Zahl e ist eine Irrationalzahl, kann also als unendlicher nichtperiodischer Dezimalbruch dargestellt werden.

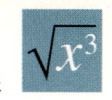

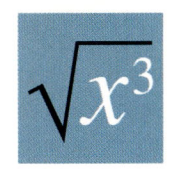

Arithmetik und Algebra

Zahlen und ihre Verknüpfungen

Zahlenmengen

$\mathbb{N} = \{0; 1; 2; 3; \ldots\}$: Menge der natürlichen Zahlen
$\mathbb{N}^* = \{1; 2; 3; \ldots\}$: Menge der natürlichen Zahlen ohne 0
$\mathbb{Z} = \{0; 1; -1; 2; -2; \ldots\}$: Menge der ganzen Zahlen
$\mathbb{Q}$: Menge der rationalen Zahlen ($\triangleright$ Seite 6 f.)
$\mathbb{R}$: Menge der reellen Zahlen ($\triangleright$ Seite 6 f.)
$\mathbb{R}_{>0} = \mathbb{R}_+^* = \{x \,|\, x \in \mathbb{R} \land x > 0\}$: Menge der positiven reellen Zahlen
$\mathbb{R}_{\geq 0} = \mathbb{R}_+ = \{x \,|\, x \in \mathbb{R} \land x \geq 0\}$: Menge der nichtnegativen reellen Zahlen
$\mathbb{C}$: Menge der komplexen Zahlen ($\triangleright$ Seite 15 f.)

Intervalle

$[a;b] = \{x \,|\, a \leq x \leq b\}$: beiderseits abgeschlossenes Intervall
$]a;b[= \{x \,|\, a < x < b\}$: beiderseits offenes Intervall
$[a;b[= \{x \,|\, a \leq x < b\}$: links abgeschlossenes, rechts offenes Intervall
$]a;b] = \{x \,|\, a < x \leq b\}$: links offenes, rechts abgeschlossenes Intervall
$U_\varepsilon(x) =]x - \varepsilon; x + \varepsilon[$: ε-Umgebung der Zahl x ($\varepsilon > 0$)
$U(x)$: offenes Intervall $]a;b[$ mit $x \in]a;b[$ (Umgebung der Zahl x)

Zu den Bruchzahlen

Erweitern und **Kürzen**: $\quad \dfrac{a}{b} = \dfrac{a \cdot c}{b \cdot c} \quad (a,b,c \in \mathbb{N},\ b,c \neq 0)$

Zwei Brüche $\frac{a}{b}, \frac{c}{d}$ ($a,b,c,d \in \mathbb{N},\ b,d \neq 0$) stellen die **gleiche Bruchzahl dar,** wenn sie durch Erweitern oder durch Kürzen auseinander hervorgehen.

Addition, Subtraktion: $\quad \dfrac{a}{b} \pm \dfrac{c}{d} = \dfrac{a \cdot d \pm b \cdot c}{b \cdot d} \quad (b,d \neq 0)$

Multiplikation: $\quad \dfrac{a}{b} \cdot \dfrac{c}{d} = \dfrac{a \cdot c}{b \cdot d} \quad (b,d \neq 0)$

Division: $\quad \dfrac{a}{b} : \dfrac{c}{d} = \dfrac{a}{b} \cdot \dfrac{d}{c} = \dfrac{a \cdot d}{b \cdot c} \quad (b,c,d \neq 0)$

Der Bruch $\frac{d}{c}$ heißt der „**Kehrwert** des Bruches $\frac{c}{d}$".

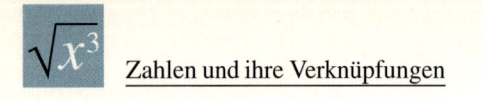

Zu den rationalen Zahlen

Menge der rationalen Zahlen: $\mathbb{Q} = \left\{ \dfrac{p}{q} \,\middle|\, p \in \mathbb{Z};\, q \in \mathbb{N}^* \right\}$

Zu jeder Zahl $a \in \mathbb{Q}$ gibt es eine **Gegenzahl** $(-a) \in \mathbb{Q}$. Für alle $a \in \mathbb{Q}$ gilt: $-(-a) = a$.

Jede rationale Zahl kann durch einen **abbrechenden** oder durch einen **periodischen Dezimalbruch** dargestellt werden.

Jeder rationalen Zahl entspricht genau ein Punkt der Zahlengeraden. Es gibt aber Punkte der Zahlengeraden, denen keine rationale Zahl entspricht.

Zu den reellen Zahlen

Jede reelle Zahl kann durch einen **abbrechenden** oder durch einen **nicht abbrechenden Dezimalbruch** dargestellt und durch eine **Intervallschachtelung** (▷ Seite 37) festgelegt werden.

Jeder reellen Zahl entspricht umkehrbar eindeutig ein Punkt der Zahlengeraden.

Gesetze für die Addition und für die Multiplikation reeller (bzw. rationaler) Zahlen ($a, b, c \in \mathbb{R}$ bzw. $\mathbb{Q}$)

	Addition	**Multiplikation**
Kommutativgesetze:	$a + b = b + a$	$a \cdot b = b \cdot a$
Assoziativgesetze:	$(a + b) + c = a + (b + c)$	$(a \cdot b) \cdot c = a \cdot (b \cdot c)$
Distributivgesetz:	\multicolumn{2}{c}{$a \cdot (b + c) = a \cdot b + a \cdot c$}	
Neutrale Elemente:	$a + 0 = a$	$a \cdot 1 = a$
Inverse Elemente:	$a + (-a) = 0$	$a \cdot \dfrac{1}{a} = 1 \quad (a \neq 0)$
Monotoniegesetze:	$a < b \Rightarrow a + c < b + c$	$a < b \wedge c > 0 \Rightarrow a \cdot c < b \cdot c$ $a < b \wedge c < 0 \Rightarrow a \cdot c > b \cdot c$

Regeln für das Rechnen mit reellen (bzw. rationalen) Zahlen ($a, b \in \mathbb{R}$ bzw. $\mathbb{Q}$)

Subtraktion: $\quad a - b = a + (-b); \quad a - b = -(b - a)$

Multiplikation: $\quad a \cdot (-b) = (-a) \cdot b = -a \cdot b; \quad (-a) \cdot (-b) = a \cdot b$

Division: $\quad a : b = a \cdot \dfrac{1}{b}; \quad \dfrac{1}{-b} = -\dfrac{1}{b} \quad (b \neq 0)$

Zahlen und ihre Verknüpfungen $\sqrt{x^3}$

Regeln für das Rechnen mit dezimalen Näherungswerten

Schreibweise und Genauigkeit von Näherungswerten

Mithilfe von Zehnerpotenzen kann man die Genauigkeit von Näherungswerten kennzeichnen.

Beispiele: $x \approx 3{,}07 \cdot 10^4$ bedeutet: $30\,650 \leq x < 30\,750$
$y \approx 3{,}070 \cdot 10^4$ bedeutet: $30\,695 \leq y < 30\,705$

Die Genauigkeit eines Näherungswertes kann man auf zwei Weisen beschreiben:
- durch die Angabe der Rundungsstelle,
- durch die Anzahl der geltenden Ziffern.

Beispiele: $x \approx 3{,}07 \cdot 10^4$ ist auf die Hundertstelstelle gerundet und hat 3 geltende Ziffern: 3, 0 und 7.
$y \approx 3{,}070 \cdot 10^4$ ist auf die Tausendstelstelle gerundet und hat 4 geltende Ziffern: 3, 0, 7 und 0.

„Faustregel" für die Addition und für die Subtraktion von Näherungswerten

Eine Summe (eine Differenz) von Näherungswerten rundet man auf die Stelle, auf die der ungenaueste Summand gerundet ist.

Beispiele: exakte Werte	Näherungswerte
$8{,}48 + 0{,}7352 = 8{,}8552$	$8{,}48 + 0{,}7352 \approx 8{,}86$
$15{,}2683 - 4{,}79 = 10{,}4783$	$15{,}2683 - 4{,}79 \approx 10{,}48$

„Faustregel" für die Multiplikation und für die Division von Näherungswerten

Ein Produkt (einen Quotienten) von Näherungswerten rundet man auf so viele geltende Ziffern, wie der Faktor (Dividend, Divisor) mit den wenigsten geltenden Ziffern hat.

Beispiele: exakte Werte	Näherungswerte
$2{,}57 \cdot 14{,}83 = 38{,}1131$	$2{,}57 \cdot 14{,}83 \approx 38{,}1$
$0{,}4586 : 0{,}062 = 7{,}39677419\ldots$	$0{,}4586 : 0{,}062 \approx 7{,}4$

Mittelwerte ($a, b \in \mathbb{R}$)

Arithmetisches Mittel: $\quad m_a = \dfrac{a+b}{2}$

Geometrisches Mittel: $\quad m_g = \sqrt{a \cdot b} \quad$ (für $a, b > 0$)

Harmonisches Mittel: $\quad m_h = \dfrac{2ab}{a+b}; \quad \dfrac{1}{m_h} = \dfrac{1}{2}\left(\dfrac{1}{a} + \dfrac{1}{b}\right)$

Für alle $a, b \in \mathbb{R}^{>0}$ gilt: $\quad m_h \leq m_g \leq m_a; \quad m_g = \sqrt{m_a \cdot m_h}$

Arithmetisches Mittel für n Zahlen $x_1, x_2, \ldots, x_n \in \mathbb{R}$: $\quad \bar{x} = \dfrac{x_1 + x_2 + \cdots + x_n}{n}$

Arithmetik und Algebra

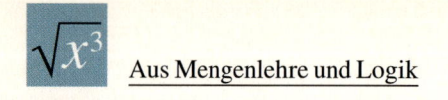

Aus Mengenlehre und Logik

Mengen und ihre Elemente

Beispiele für die Elementbeziehung

$3 \in \mathbb{N}$, gelesen „3 aus $\mathbb{N}$" bedeutet: 3 ist **Element** der Menge $\mathbb{N}$.
$\frac{5}{2} \notin \mathbb{N}$, gelesen „$\frac{5}{2}$ nicht aus $\mathbb{N}$" bedeutet: $\frac{5}{2}$ ist **nicht** Element der Menge $\mathbb{N}$.

Gleichheit von Mengen

$M = N$ bedeutet: Die Mengen M und N enthalten dieselben Elemente.

Die leere Menge

Die **leere Menge** $\emptyset$ ist die Menge, die kein Element enthält.

Der Mengenbildungsoperator

$\{x \mid A(x)\}$ bedeutet: Menge aller Elemente x, für die gilt $A(x)$.
Statt $\{x \mid A(x) \wedge x \in G\}$ schreibt man kurz: $\{x \in G \mid A(x)\}$.
Beispiele: $\{x \in \mathbb{Q} \mid x^2 = 1\} = \{1; -1\}$; $\{x \in \mathbb{R} \mid x^2 = -1\} = \emptyset$

Teilmengen

$M \subseteq N$, gelesen „M ist Teilmenge von N", bedeutet:
$\qquad$ Jedes Element von M ist auch Element von N; es gilt also: $x \in M \Rightarrow x \in N$.
$M \subset N$, gelesen „M ist echte Teilmenge von N", bedeutet: $M \subseteq N \wedge M \neq N$.
$M = N$ bedeutet: $M \subseteq N \wedge N \subseteq M$.
$M \nsubseteq N$ ($M \not\subset N$) bedeutet: M ist nicht (echte) Teilmenge von N.

Verknüpfung von Mengen

Schnittmenge:	$M \cap N = \{x \mid x \in M \wedge x \in N\}$, gelesen „$M$ geschnitten mit N"
Vereinigungsmenge:	$M \cup N = \{x \mid x \in M \vee x \in N\}$, gelesen „$M$ vereinigt mit N"
Restmenge:	$M \setminus N = \{x \mid x \in M \wedge x \notin N\}$, gelesen „$M$ ohne N"
Produktmenge:	$M \times N = \{(x \mid y) \mid x \in M \wedge y \in N\}$, gelesen „$M$ Kreuz N"

Verknüpfung von Aussagen

Wahrheitswerte von Aussagen: w (wahr) und f (falsch)
Konjunktion: $\quad A \wedge B$, gelesen „A und B"
Adjunktion: $\quad A \vee B$, gelesen „A oder B"
Subjunktion: $\quad A \rightarrow B$, gelesen „wenn A, so B"
Bijunktion: $\quad A \leftrightarrow B$, gelesen „genau dann B, wenn A"

Aus Mengenlehre und Logik

Wahrheitswertetafeln zu den Aussageverknüpfungen

A	B	$A \wedge B$	$A \vee B$	$A \rightarrow B$	$A \leftrightarrow B$
w	w	w	w	w	w
w	f	f	w	f	f
f	w	f	w	w	f
f	f	f	f	w	w

Aussageformen

Aussageformen. Lösungsmengen

$A(x)$: Aussageform in der Variablen x, z. B. $x^2 = 1$

$A(x|y)$: Aussageform in den Variablen x und y, z. B. $2x + 3y = 1$

$L(A)$: Lösungsmenge der Aussageform A in einer Grundmenge G

Beispiele: $A(x)$: $x^2 = 1$ in $G = \mathbb{R}$: $L(A) = \{1; -1\}$
$A(x|y)$: $2x + 3y = 1$ in $G = \mathbb{Q} \times \mathbb{Q}$: $L(A) = \{(x|y) \mid y = -\frac{2}{3}x + 2\}$

Unterscheidungen bei Aussageformen

■ **Unerfüllbarkeit:**

Ist $L(A) = \emptyset$, so heißt die Aussageform $A(x)$ **unerfüllbar in der Grundmenge G.**

Beispiele: $x^2 = -1$ ist unerfüllbar in der Menge $\mathbb{R}$.

■ **Erfüllbarkeit, Allgemeingültigkeit:**

Ist $L(A) \neq \emptyset$, so heißt die Aussageform $A(x)$ **erfüllbar** in der Grundmenge G.

Beispiele: $x^2 = 1$ ist erfüllbar in der Menge $\mathbb{R}$; denn es gilt: $L(A) = \{1; -1\} \neq \emptyset$.

Gilt in der Grundmenge G sogar $L(A) = G$, so heißt die Aussageform $A(x)$ **allgemeingültig in der Menge G.**

Beispiele: $A(x)$: $x + 1 = 1 + x$ ist allgemeingültig in der Menge $\mathbb{R}$.
Man sagt dann: „Für alle $x \in \mathbb{R}$ gilt: $x + 1 = 1 + x$."

Quantoren

Ist eine Aussageform $A(x)$ in einer Grundmenge G **erfüllbar**, so schreibt man:

$\bigvee_{x \in G} A(x)$, gelesen: „Es gibt ein $x \in G$, für das gilt $A(x)$." (**Existenzquantor**)

Ist eine Aussageform $A(x)$ in einer Grundmenge G **allgemeingültig**, so schreibt man:

$\bigwedge_{x \in G} A(x)$, gelesen: „Für alle $x \in G$ gilt $A(x)$." (**Allquantor**)

Aus der Algebra

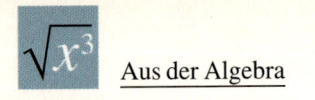

Folgerungs- und Äquivalenzumformungen

Folgerungsumformungen

$A(x) \Rightarrow B(x)$, gelesen „Aus $A(x)$ **folgt** $B(x)$", bedeutet: $L(A) \subseteq L(B)$.

Beispiel: $x = 1 \Rightarrow x^2 = 1$ (z. B. in der Menge $\mathbb{Q}$)

Äquivalenzumformungen

$A(x) \Leftrightarrow B(x)$, gelesen „$A(x)$ **äquivalent** $B(x)$", bedeutet: $\begin{cases} A(x) \Rightarrow B(x) \\ \text{und} \\ B(x) \Rightarrow A(x) \end{cases}$, also $L(A) = L(B)$.

Beispiele: $x^2 = 1 \Leftrightarrow (x-1)(x+1) = 0$ (z. B. in der Menge $\mathbb{R}$)
$3x + 2 = 11 \Leftrightarrow x = 3$ (z. B. in der Menge $\mathbb{Q}$)

Zusammenhang zwischen Folgerung und Subjunktion sowie zwischen Äquivalenz und Bijunktion

Bezogen auf eine Grundmenge G bedeutet:
- $A(x) \Rightarrow B(x)$, dass $A(x) \rightarrow B(x)$ für alle $x \in G$ wahr ist;
- $A(x) \Leftrightarrow B(x)$, dass $A(x) \leftrightarrow B(x)$ für alle $x \in G$ wahr ist.

Aus der Algebra

Binomische Formeln

Für alle $a, b \in \mathbb{R}$ gilt:
$(a+b)^2 = a^2 + 2ab + b^2$ $(a-b)^2 = a^2 - 2ab + b^2$ $(a+b)(a-b) = a^2 - b^2$
$(a \pm b)^3 = a^3 \pm 3a^2b + 3ab^2 \pm b^3$
$(a \pm b)^4 = a^4 \pm 4a^3b + 6a^2b^2 \pm 4ab^3 + b^4$
$(a \pm b)^5 = a^5 \pm 5a^4b + 10a^3b^2 \pm 10a^2b^3 + 5ab^4 \pm b^5$
$\vdots$
$(a+b)^n = \binom{n}{0}a^n + \binom{n}{1}a^{n-1}b + \binom{n}{2}a^{n-2}b^2 + \ldots + \binom{n}{n-1}ab^{n-1} + \binom{n}{n}b^n$ $(n \in \mathbb{N}^*)$

(zur Definition von $\binom{n}{k}$ ▷ Seite 11)

Abspalten von Linearfaktoren

$a^2 - b^2 = (a-b)(a+b)$
$a^3 - b^3 = (a-b)(a^2 + ab + b^2)$
$a^4 - b^4 = (a-b)(a^3 + a^2b + ab^2 + b^3)$
$\vdots$
$a^n - b^n = (a-b)(a^{n-1} + a^{n-2}b + a^{n-3}b^2 + \ldots + ab^{n-2} + b^{n-1})$ $(n \in \mathbb{N}_{\geq 2})$

Aus der Algebra

Die allgemeine binomische Formel

n-Fakultät: $n! = 1 \cdot 2 \cdot 3 \cdot \ldots \cdot n$; $0! = 1$; $1! = 1$

Binomialkoeffizient „n über k": $\binom{n}{k}$ ($n, k \in \mathbb{N}^*$; $k \leq n$)

Definition: $\binom{n}{k} = \dfrac{n \cdot (n-1) \cdot (n-2) \cdot \ldots \cdot (n-k+1)}{1 \cdot 2 \cdot 3 \cdot \ldots \cdot k} = \dfrac{n!}{k!(n-k)!}$; $\binom{n}{0} = \binom{n}{n} = \binom{0}{0} = 1$

Formeln: $\binom{n}{n-k} = \binom{n}{k}$; $\binom{n}{k} + \binom{n}{k+1} = \binom{n+1}{k+1}$

$\binom{n}{0} + \binom{n}{1} + \binom{n}{2} + \cdots + \binom{n}{n} = 2^n$

$\binom{k}{k} + \binom{k+1}{k} + \binom{k+2}{k} + \cdots + \binom{n}{k} = \binom{n+1}{k+1}$

Pascalsches Dreieck

$n = 0$: $\quad\binom{0}{0}\qquad\qquad\qquad\qquad\qquad$ 1

$n = 1$: $\quad\binom{1}{0}\ \binom{1}{1}\qquad\qquad\qquad\qquad$ 1 1

$n = 2$: $\quad\binom{2}{0}\ \binom{2}{1}\ \binom{2}{2}\qquad\qquad\qquad$ 1 2 1

$n = 3$: $\quad\binom{3}{0}\ \binom{3}{1}\ \binom{3}{2}\ \binom{3}{3}\qquad\qquad$ 1 3 3 1

$n = 4$: $\quad\binom{4}{0}\ \binom{4}{1}\ \binom{4}{2}\ \binom{4}{3}\ \binom{4}{4}\qquad$ 1 4 6 4 1

$n = 5$: $\quad\binom{5}{0}\ \binom{5}{1}\ \binom{5}{2}\ \binom{5}{3}\ \binom{5}{4}\ \binom{5}{5}\quad$ 1 5 10 10 5 1

$\binom{n}{k} + \binom{n}{k+1} = \binom{n+1}{k+1}$, z. B. $\binom{4}{1} + \binom{4}{2} = \binom{5}{2}$ z. B. $4 + 6 = 10$

Die allgemeine binomische Formel

Für alle $a, b \in \mathbb{R}$, $n \in \mathbb{N}^*$, gilt:

$(a+b)^n = \binom{n}{0}a^n b^0 + \binom{n}{1}a^{n-1}b^1 + \binom{n}{2}a^{n-2}b^2 + \ldots + \binom{n}{n-1}a^1 b^{n-1} + \binom{n}{n}a^0 b^n$

$\qquad\quad = \displaystyle\sum_{k=0}^{n} \binom{n}{k} a^{n-k} b^k$

Aus der Algebra

Quadratische Gleichungen

Normalform:

$x^2 + px + q = 0$

Diskriminante: $D = \left(\dfrac{p}{2}\right)^2 - q$

Allgemeine Form:

$ax^2 + bx + c = 0 \quad (a \neq 0)$

$D^* = b^2 - 4ac$

Ist $D > 0$ ($D^* > 0$), so hat die Gleichung **zwei** Lösungen:

$x_1 = -\dfrac{p}{2} + \sqrt{D};\ x_2 = -\dfrac{p}{2} - \sqrt{D}.$ $\quad\Big|\quad$ $x_1 = \dfrac{-b + \sqrt{D^*}}{2a};\ x_2 = \dfrac{-b - \sqrt{D^*}}{2a}.$

Ist $D = 0$ ($D^* = 0$), so hat die Gleichung **eine** Lösung:

$x = -\dfrac{p}{2}.$ $\quad\Big|\quad$ $x = -\dfrac{b}{2a}.$

Ist $D < 0$ ($D^* < 0$), so hat die Gleichung **keine** Lösung.

Zerlegung des quadratischen Terms in Linearfaktoren:

$x^2 + px + q = (x - x_1)(x - x_2)$ $\quad\Big|\quad$ $ax^2 + bx + c = a(x - x_1)(x - x_2)$

Satz von Viëta: $x_1 + x_2 = -p;\ x_1 \cdot x_2 = q$ $\quad\Big|\quad$ $x_1 + x_2 = -\dfrac{b}{a};\ x_1 \cdot x_2 = \dfrac{c}{a}$

Potenzen

Natürliche Exponenten

$a^n = \underbrace{a \cdot a \cdot a \cdot \ldots \cdot a}_{n\text{ Faktoren}} \quad (a \in \mathbb{R};\ n \in \mathbb{N})$

Rekursive Definition: $\quad a^1 = a;\ a^{n+1} = a \cdot a^n \quad (a \in \mathbb{R};\ n \in \mathbb{N})$

Exponent 0 und negative Exponenten

$a^0 = 1;\quad a^{-n} = \dfrac{1}{a^n} \quad (a \neq 0;\ n \in \mathbb{N})$

Rationale Exponenten

$x = a^{\frac{m}{n}} \Leftrightarrow x^n = a^m \wedge x \geq 0 \quad (n \in \mathbb{N}^*,\ m \in \mathbb{Z},\ a > 0)$

Für $m > 0$ ist auch $a = 0$ zugelassen.

Reelle Exponenten

Bilden die Folgen $\langle u_n \rangle$ und $\langle v_n \rangle$ (mit $u_n, v_n \in \mathbb{Q}$) eine Intervallschachtelung für die reelle Zahl r, so bilden die Folgen $\langle a^{u_n} \rangle$ und $\langle a^{v_n} \rangle$ für alle $a \in \mathbb{R}$ mit $a > 0$ eine **Intervallschachtelung** für die Potenz a^r (▷ Seite 37).

Potenzgesetze

Für alle $a, b \in \mathbb{R}$ und $r, s \in \mathbb{Z}$ bzw. für alle $a, b \in \mathbb{R}_{>0}$ und $r, s \in \mathbb{R}$ gilt:

$a^r \cdot a^s = a^{r+s}, \quad \dfrac{a^r}{a^s} = a^{r-s}\ (a \neq 0), \quad a^r \cdot b^r = (a \cdot b)^r, \quad \dfrac{a^r}{b^r} = \left(\dfrac{a}{b}\right)^r\ (b \neq 0), \quad (a^r)^s = (a^s)^r = a^{r \cdot s}$

Aus der Algebra

Wurzeln

Definition

Für alle $a \in \mathbb{R}_{\geq 0}$ und alle $n \in \mathbb{N}^*$ gilt: $\sqrt[n]{a} = a^{\frac{1}{n}}$, gelesen „$n$-te Wurzel aus a".
n heißt **Wurzelexponent**, a **Radikand**.
$\sqrt[n]{a}$ ist also die nichtnegative Lösung der Gleichung $x^n = a$:

$x = \sqrt[n]{a} \Leftrightarrow x^n = a \wedge x \geq 0$ (für $a \geq 0$).

Statt „$\sqrt[2]{a}$" schreibt man kurz „$\sqrt{a}$", gelesen „Quadratwurzel aus a".

Folgerungen

Für $a \geq 0$ gilt $(\sqrt{a})^2 = \sqrt{a^2} = a$, für $a < 0$ dagegen $\sqrt{a^2} = |a|$.
Für $a \geq 0$ und $n \in \mathbb{N}^*$ gilt $(\sqrt[n]{a})^n = \sqrt[n]{a^n} = a$, für $a < 0$ und $n = 2m$ dagegen $\sqrt[n]{a^n} = |a|$.
Für $a \geq 0$ und $n, m \in \mathbb{N}^*$ gilt $(\sqrt[n]{a})^m = a^{\frac{m}{n}} = \sqrt[n]{a^m}$.

Wurzelgesetze

Für alle $a, b \in \mathbb{R}_{\geq 0}$ und $m, n \in \mathbb{N}^*$ gilt:

$\sqrt[n]{a} \cdot \sqrt[n]{b} = \sqrt[n]{a \cdot b}, \quad \dfrac{\sqrt[n]{a}}{\sqrt[n]{b}} = \sqrt[n]{\dfrac{a}{b}}$ (für $b > 0$), $\quad \sqrt[m]{\sqrt[n]{a}} = \sqrt[m \cdot n]{a} = \sqrt[n]{\sqrt[m]{a}}$.

Negative Radikanden bei ungeraden Wurzelexponenten

Da jede Gleichung der Form $x^{2n+1} = a$ ($n \in \mathbb{N}$) für **alle** $a \in \mathbb{R}$ genau eine Lösung hat, können für ungerade Wurzelexponenten auch negative Radikanden zugelassen werden.
Dann gilt für $a \in \mathbb{R}, n \in \mathbb{N}$: $\quad x = \sqrt[2n+1]{a} \Leftrightarrow x^{2n+1} = a$.

Beispiel: $\sqrt[3]{-8} = -2$

Logarithmen

Definition

Der **Logarithmus** einer Zahl $x \in \mathbb{R}_{>0}$ zu einer Basis $a \in \mathbb{R}_{>0}$ (mit $a \neq 1$) ist die Zahl y mit $x = a^y$; man schreibt: $y = \log_a x$, gelesen „Logarithmus von x zur Basis a".
Es gilt also: $\quad \mathbf{y = \log_a x} \Leftrightarrow \mathbf{x = a^y} \quad$ (für $a, x \in \mathbb{R}_{>0}, a \neq 1$).
Statt „$\log_{10} x$" schreibt man kurz „$\lg x$" (Zehnerlogarithmus)
Sonderfälle: $\quad \log_a a = 1$ und $\log_a 1 = 0 \quad (a > 0, a \neq 1)$

Folgerungen ($a > 0, a \neq 1$)

Für alle $x \in \mathbb{R}$ gilt: $\log_a a^x = x$. $\quad$ Für alle $x \in \mathbb{R}_{>0}$ gilt: $a^{\log_a x} = x$.

Aus der Algebra

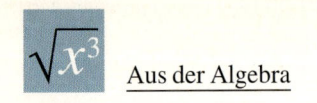

Logarithmengesetze $(a > 0, a \neq 1)$

Für alle $x, y \in \mathbb{R}_{>0}$ gilt: $\quad \log_a(x \cdot y) = \log_a x + \log_a y.$

Für alle $x, y \in \mathbb{R}_{>0}$ gilt: $\quad \log_a \frac{x}{y} = \log_a x - \log_a y.$ Sonderfall: $\log_a \frac{1}{x} = -\log_a x$

Für alle $x \in \mathbb{R}_{>0}$, $r \in \mathbb{R}$ gilt: $\log_a x^r = r \cdot \log_a x.$ Sonderfall $(n \in \mathbb{N}^*)$: $\log_a \sqrt[n]{x} = \frac{1}{n} \cdot \log_a x$

Zusammenhang zwischen Logarithmen zu verschiedenen Basen $(a, b > 0; a, b \neq 1)$

Für alle $x \in \mathbb{R}_{>0}$ gilt: $\quad \log_b x = \dfrac{\log_a x}{\log_a b} = \log_b a \cdot \log_a x.$

Für alle a, b gilt: $\quad \log_b a = \dfrac{1}{\log_a b}.$

Die Begriffe Gruppe und Körper

Einfache Verknüpfungsgebilde

Ist für die Elemente einer Menge M eine Verknüpfung mit $a \circ b = c$ ($a, b, c \in M$) (gelesen „a verknüpft mit b") definiert, so nennt man $(M; \circ)$ ein (einfaches) **Verknüpfungsgebilde**.

Gruppen

Ein Verknüpfungsgebilde $(G; \circ)$ heißt **Gruppe** genau dann, wenn die Gesetze A, N und I gelten:
(A) **Assoziativgesetz:** $(a \circ b) \circ c = a \circ (b \circ c)$ (für alle $a, b, c \in G$)
(N) Es gibt ein **neutrales Element** $e \in G$ mit $a \circ e = e \circ a = a$ (für alle $a \in G$).
(I) Zu jedem $a \in G$ gibt es ein **inverses Element** a^{-1} mit $a \circ a^{-1} = a^{-1} \circ a = e$.
Gilt zusätzlich das Gesetz K, so spricht man von einer **kommutativen Gruppe**.
(K) **Kommutativgesetz:** $a \circ b = b \circ a$ (für alle $a, b \in G$)
Beispiele: $(\mathbb{Z}; +)$ und $(\mathbb{R}_{\neq 0}; \cdot)$ sind kommutative Gruppen.

Zweifache Verknüpfungsgebilde

Sind für die Elemente einer Menge M zwei Verknüpfungen mit $a \oplus b = c$ und $a \odot b = d$ ($a, b, c, d \in M$) definiert, so nennt man $(M; \oplus; \odot)$ ein **zweifaches Verknüpfungsgebilde**.

Körper

Ein Verknüpfungsgebilde $(K; \oplus; \odot)$ heißt ein **Körper über der Menge K** genau dann, wenn $(K; \oplus)$ eine kommutative Gruppe mit dem neutralen Element n, $(K \setminus \{n\}; \odot)$ eine kommutative Gruppe mit dem neutralen Element e ist und das Gesetz D gilt.
(D) **Distributivgesetz:** $a \odot (b \oplus c) = (a \odot b) \oplus (a \odot c)$ (für alle $a, b, c \in K$)
Hinweis: Die Elemente n bzw. e werden meistens „0" bzw. „1" geschrieben.
Beispiele: Die Gebilde $(\mathbb{Q}; +; \cdot)$ und $(\mathbb{R}; +; \cdot)$ sind Körper über der Menge der rationalen bzw. der reellen Zahlen.

Aus der Algebra

Der Körper der komplexen Zahlen

Definition und Verknüpfungen

Unter einer **komplexen Zahl** z versteht man ein Zahlenpaar $(a\,|\,b)$ mit $a, b \in \mathbb{R}$; deren Menge wird mit $\mathbb{C}$ bezeichnet.

Addition: $\qquad z_1 + z_2 = (a_1\,|\,b_1) + (a_2\,|\,b_2) = (a_1 + a_2\,|\,b_1 + b_2)$

Multiplikation: $\qquad z_1 \cdot z_2 = (a_1\,|\,b_1) \cdot (a_2\,|\,b_2) = (a_1 a_2 - b_1 b_2\,|\,a_1 b_2 + a_2 b_1)$

Multiplikation mit $k \in \mathbb{R}$: $\quad k \cdot z = k \cdot (a\,|\,b) = (ka\,|\,kb)$

Das Gebilde $(\mathbb{C}; +; \cdot)$ ist ein Körper

Das neutrale Element der Addition ist das Paar $n = (0\,|\,0)$; das additiv inverse Element zur Zahl $z = (a\,|\,b)$ ist die Zahl $-z = (-a\,|\,-b)$.
Das neutrale Element der Multiplikation ist das Paar $e = (1\,|\,0)$; das multiplikative inverse Element zu einer Zahl $z = (a\,|\,b)$ mit $(a\,|\,b) \neq (0\,|\,0)$ ist die Zahl $z^{-1} = \dfrac{1}{a^2 + b^2}(a\,|\,-b)$.

Die Schreibweise $z = a + bi$

Statt $(a\,|\,0)$ schreibt man kurz a; statt $(0\,|\,1)$ schreibt man kurz i.
Für die sog. **imaginäre Einheit**[1] i gilt: $i^2 = i \cdot i = (0\,|\,1) \cdot (0\,|\,1) = (-1\,|\,0) = -1$.
Mit diesen Abkürzungen gilt: $z = (a\,|\,b) = (a\,|\,0) + (0\,|\,b) = (a\,|\,0) + b \cdot (0\,|\,1) = a + bi$.
Man nennt a den **Realteil** und b den **Imaginärteil** der komplexen Zahl $z = a + bi$ und schreibt: $a = \operatorname{Re} z$, $b = \operatorname{Im} z$.

Potenzen von i

$i^2 = -1; \quad i^3 = -i; \quad i^4 = 1; \quad i^5 = i; \quad$ usw.
Für alle $m \in \mathbb{Z}$ gilt: $\quad i^{4m} = 1; \quad i^{4m+1} = i; \quad i^{4m+2} = -1; \quad i^{4m+3} = -i.$

Konjugiert-komplexe Zahlen

Unter der zur Zahl $z = a + bi$ **konjugiert-komplexen Zahl** $\bar{z}$ versteht man die Zahl $\bar{z} = a - bi$.
Es gilt: $\bar{\bar{z}} = z$; $z + \bar{z} = 2a = 2 \cdot \operatorname{Re} z$; $z - \bar{z} = 2bi = 2i \cdot \operatorname{Im} z$ und $z \cdot \bar{z} = a^2 + b^2$.

Verknüpfungen in der Schreibweise $z = a + bi$

Addition und Subtraktion: $\quad z_1 \pm z_2 = (a_1 + b_1 i) \pm (a_2 + b_2 i) = (a_1 \pm a_2) + (b_1 \pm b_2)i$

Multiplikation: $\quad z_1 \cdot z_2 = (a_1 + b_1 i) \cdot (a_2 + b_2 i) = (a_1 a_2 - b_1 b_2) + (a_1 b_2 + a_2 b_1)i$

Division durch Erweitern mit dem konjugiert-komplexen Divisor:

$$\dfrac{z_1}{z_2} = \dfrac{z_1 \cdot \bar{z}_2}{z_2 \cdot \bar{z}_2} = \dfrac{(a_1 + b_1 i) \cdot (a_2 - b_2 i)}{(a_2 + b_2 i) \cdot (a_2 - b_2 i)} = \dfrac{a_1 a_2 + b_1 b_2}{a_2^2 + b_2^2} + \dfrac{-a_1 b_2 + a_2 b_1}{a_2^2 + b_2^2} i$$

---

[1] Die frühere Schreibweise $i = \sqrt{-1}$ sollte vermieden werden, weil sie zu Fehlern führen kann.

Aus der Algebra

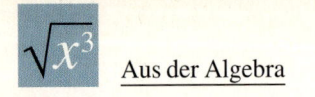

Geometrische Darstellung komplexer Zahlen

Die komplexe Zahl $z = (a|b) = a + bi$ kann in einem Kartesischen Koordinatensystem durch den Punkt $P(a|b)$ dargestellt werden.
Die nichtnegative reelle Zahl $r = |z| = \sqrt{a^2 + b^2}$ heißt **Betrag** der komplexen Zahl $z = a + bi$.

Darstellung in Polarkoordinaten

$z = a + bi = r\cos\varphi + (r\sin\varphi)i = r(\cos\varphi + i\sin\varphi)$

Es gilt: $r = |z| = |\bar{z}| = \sqrt{a^2 + b^2}$ und $\tan\varphi = \dfrac{b}{a}$.

φ heißt **Argument** von $z = a + bi$.

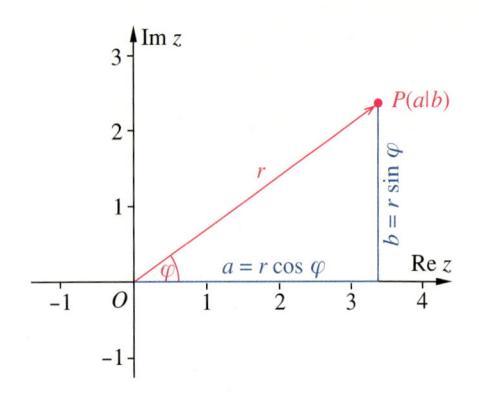

Euler'sche Formel und Darstellung komplexer Zahlen in Exponentialform

Es gilt: $e^{i\varphi} = \cos\varphi + i\sin\varphi$ (**Euler'sche Formel**) und damit
$z = a + bi = r \cdot e^{i\varphi}$.

Für $\varphi = 2\pi$ ergibt sich daraus $e^{2\pi i} = 1$. Diese Gleichung setzt die Euler'sche Zahl $e = 2{,}718\,281\,828\,459\ldots$, die Kreiszahl $\pi = 3{,}141\,592\,653\,589\ldots$ (Ludolf'sche Zahl), die imaginäre Einheit i und die reelle Einheit 1 zueinander in Beziehung.

Verknüpfungen in Polarkoordinaten und in der Exponentialform

$z_1 \cdot z_2 = r_1 \cdot r_2 \cdot [\cos(\varphi_1 + \varphi_2) + i \cdot \sin(\varphi_1 + \varphi_2)] = r_1 \cdot r_2 \cdot e^{i(\varphi_1 + \varphi_2)}$

$\dfrac{z_1}{z_2} = \dfrac{r_1}{r_2} \cdot [\cos(\varphi_1 - \varphi_2) + i \cdot \sin(\varphi_1 - \varphi_2)] = \dfrac{r_1}{r_2} \cdot e^{i(\varphi_1 - \varphi_2)}$ $(z_2, r_2 \neq 0)$

$z^n = r^n \cdot [\cos(n\varphi) + i \cdot \sin(n\varphi)] = r^n \cdot e^{in\varphi}$ (**Satz von Moivre**)

$\sqrt[n]{z} = \sqrt[n]{r} \cdot \left(\cos\dfrac{\varphi + k \cdot 2\pi}{n} + i \cdot \sin\dfrac{\varphi + k \cdot 2\pi}{n}\right)$ $(k = 0, 1, 2, \ldots, n-1)$
(Hauptwert für $k = 0$)

$\ln z = \ln|z| + i\varphi \pm 2k\pi i$

Lösungen der Gleichung $x^n = z$

Die Gleichung $x^n = z$ mit $z = r(\cos\varphi + i \cdot \sin\varphi)$ besitzt die n Lösungen

$x_k = \sqrt[n]{r} \cdot \left(\cos\dfrac{\varphi + k \cdot 2\pi}{n} + i \cdot \sin\dfrac{\varphi + k \cdot 2\pi}{n}\right)$ $(k = 0, 1, 2, \ldots, n-1)$.

Die komplexen Lösungen der Gleichung $x^n = 1$ heißen ***n*-te Einheitswurzeln:**

$x_k = \cos\dfrac{k \cdot 2\pi}{n} + i \cdot \sin\dfrac{k \cdot 2\pi}{n}$ $(k = 0, 1, 2, \ldots, n-1)$.

Funktionen

Definition und Bezeichnungen

Durch eine **Funktion** f wird **jedem** Element x der **Definitionsmenge** $D(f)$ (kurz: D) **genau ein** Element $f(x)$ der **Wertemenge** $W(f)$ (kurz: W) zugeordnet:

$f:\quad x \;\mapsto\; f(x);\, x \in D.$

Man nennt $f(x)$ den **Funktionswert an der Stelle** x und $y = f(x)$ die **Funktionsgleichung** der Funktion f. Ist $f(x)$ ein Term in der Variablen x, so nennt man ihn den **Funktionsterm** der Funktion f.

Der Graph einer Funktion

Sind $D(f)$ und $W(f)$ Zahlenmengen, so kann man die Funktion f in einem **Kartesischen Koordinatensystem** durch den **Funktionsgraphen** (kurz: den **Graphen**) darstellen. Dabei werden die Elemente der Definitionsmenge D auf der D-Achse (in der Regel: x-Achse), die Elemente der Wertemenge W auf der W-Achse (in der Regel: y-Achse) abgetragen.

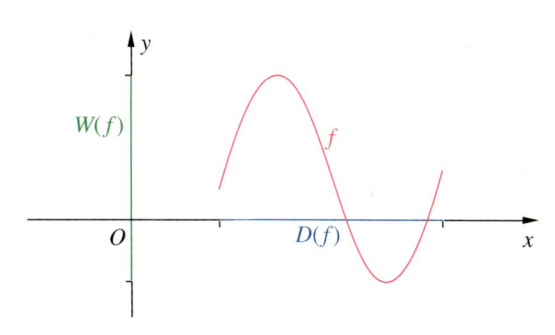

Symmetrie von Funktionen

Eine Funktion f heißt eine **gerade Funktion** genau dann, wenn für alle $x \in D(f)$ gilt:

$f(-x) = f(x).$

Der Funktionsgraph ist **achsensymmetrisch** zur y-Achse.

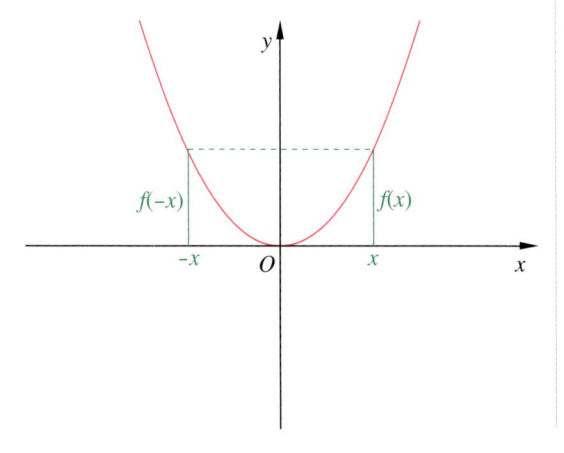

Eine Funktion f heißt eine **ungerade Funktion** genau dann, wenn für alle $x \in D(f)$ gilt:

$f(-x) = -f(x).$

Der Funktionsgraph ist **punktsymmetrisch** zum Nullpunkt.

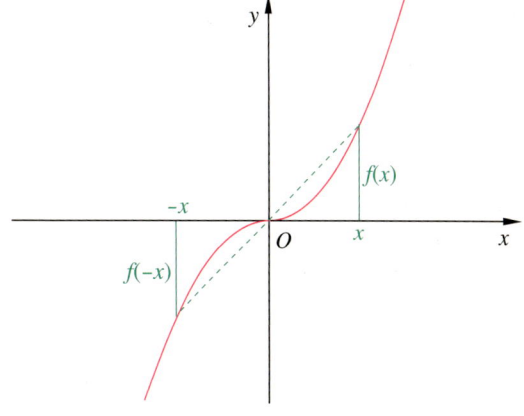

Funktionen

Lineare Funktionen

$f(x) = mx + b$
$D(f) = W(f) = \mathbb{R}$

Der Graph ist eine Gerade mit der **Steigung** m und dem **Achsenabschnitt** b auf der y-Achse.
(Zum Begriff der Steigung: ▷ Seite 47)

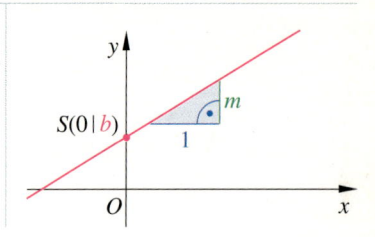

Sonderfälle

■ $f(x) = c$, $D(f) = \mathbb{R}$, $W(f) = \{c\}$
Konstante Funktion. Der Graph ist eine Parallele zur x-Achse im Abstand c.

■ $f(x) = x$, $D(f) = W(f) = \mathbb{R}$
Identische Funktion. Der Graph ist die Winkelhalbierende im 1. und 3. Quadranten.

■ $f(x) = cx$ $(c \neq 0)$, $D(f) = W(f) = \mathbb{R}$
Direkte Proportionalität mit dem Proportionalitätsfaktor c. Der Graph ist eine Gerade durch den Nullpunkt mit der Steigung c.

Quadratische Funktionen

$f(x) = x^2$
$D(f) = \mathbb{R}$, $W(f) = \mathbb{R}_{\geq 0}$

Der Graph ist die **Normalparabel** mit dem Nullpunkt als Scheitelpunkt.

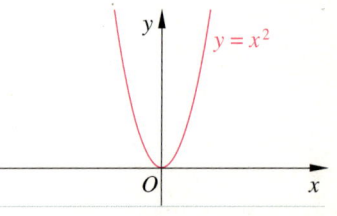

$f(x) = ax^2$ $(a \neq 0)$
$D(f) = \mathbb{R}$
$W(f) = \begin{cases} \mathbb{R}_{\geq 0} \text{ für } a > 0 \\ \mathbb{R}_{\leq 0} \text{ für } a < 0 \end{cases}$

Der Graph ist eine Parabel mit dem Nullpunkt als Scheitelpunkt, für $a > 0$ nach oben, für $a < 0$ nach unten geöffnet, gegenüber der Normalparabel mit dem Faktor $|a|$ gestreckt oder gestaucht.

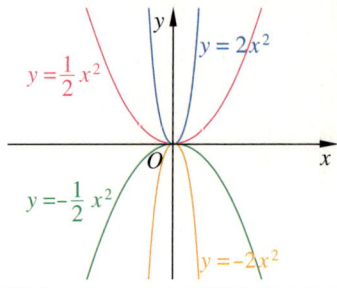

$f(x) = ax^2 + bx + c$ $(a \neq 0)$
$D(f) = \mathbb{R}$
$W(f) = \begin{cases} \{y \mid y \geq y_s\} \text{ für } a > 0 \\ \{y \mid y \leq y_s\} \text{ für } a < 0 \end{cases}$

Scheitelform:
$f(x) = a(x - x_s)^2 + y_s$
mit $x_s = -\dfrac{b}{2a}$
und $y_s = c - \dfrac{b^2}{4a}$
Scheitelpunkt: $S(x_s \mid y_s)$

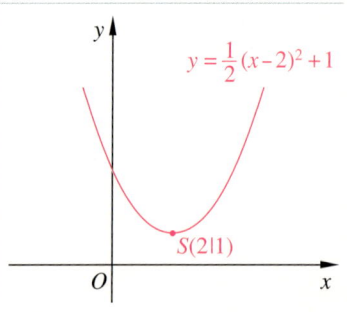

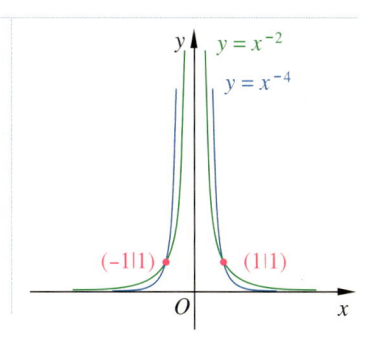

Funktionen

Potenzfunktionen zu ganzzahligen Exponenten

Exponent n positiv, ungerade

$f(x) = x;\ x^3;\ x^5;\ \ldots$
$D(f) = W(f) = \mathbb{R}$

Die Graphen sind punktsymmetrisch zum Nullpunkt; es sind **ungerade** Funktionen.
($\triangleright$ Seite 17)

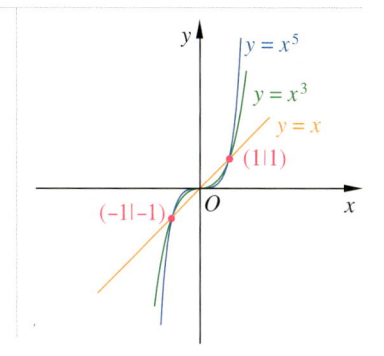

Exponent n positiv, gerade

$f(x) = x^2;\ x^4;\ x^6;\ \ldots$
$D(f) = \mathbb{R},\ W(f) = \mathbb{R}_{\geq 0}$

Die Graphen sind achsensymmetrisch gegenüber der y-Achse; es sind **gerade** Funktionen.
($\triangleright$ Seite 17)

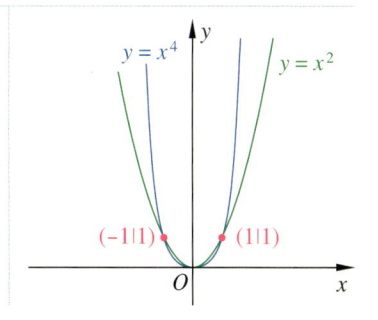

Exponent n negativ, ungerade

$f(x) = x^{-1} = \dfrac{1}{x};$

$f(x) = x^{-3} = \dfrac{1}{x^3};\ \ldots$

$D(f) = W(f) = \mathbb{R}_{\neq 0}$

Die Graphen sind punktsymmetrisch zum Nullpunkt; es sind **ungerade** Funktionen. Für $n = -1$ ist der Graph eine **Hyperbel** mit den beiden Koordinatenachsen als **Asymptoten**.
$f(x) = \dfrac{c}{x}\ (c \neq 0)$: Antiproportionalität

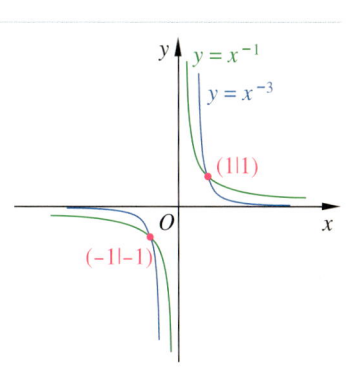

Exponent n negativ, gerade

$f(x) = x^{-2} = \dfrac{1}{x^2};$

$f(x) = x^{-4} = \dfrac{1}{x^4};\ \ldots$

$D(f) = \mathbb{R}_{\neq 0}$
$W(f) = \mathbb{R}_{> 0}$

Die Graphen sind achsensymmetrisch gegenüber der y-Achse; es sind **gerade Funktionen.**
($\triangleright$ Seite 17)

$\sqrt{x^3}$ Funktionen

Wurzelfunktionen. Potenzfunktionen zu gebrochenen Exponenten

Wurzelexponent gerade

$f(x) = \sqrt{x}; \sqrt[4]{x}; \ldots$
$D(f) = \mathbb{R}, W(f) = \mathbb{R}_{\geq 0}$

Diese Wurzelfunktionen sind identisch mit den **Potenzfunktionen** zu
$f(x) = x^{\frac{1}{2}}; x^{\frac{1}{4}}; \ldots$

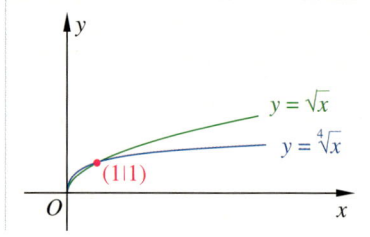

Wurzelexponent ungerade

$f(x) = \sqrt[3]{x}; \sqrt[5]{x}; \ldots$
$D(f) = \mathbb{R}, W(f) = \mathbb{R}$

Für die entsprechenden **Potenzfunktionen** zu
$f(x) = x^{\frac{1}{3}}; x^{\frac{1}{5}}; \ldots$
gilt $D(f) = \mathbb{R}$
und $W(f) = \mathbb{R}_{\geq 0}$.

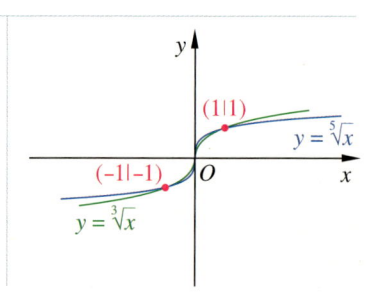

Exponentialfunktionen

$f(x) = a^x \quad (a > 0; a \neq 1)$
$D(f) = \mathbb{R}, W(f) = \mathbb{R}_{>0}$

Für $a > 1$ steigt der Graph mit wachsenden x-Werten.
Für $0 < a < 1$ fällt der Graph mit wachsenden x-Werten.

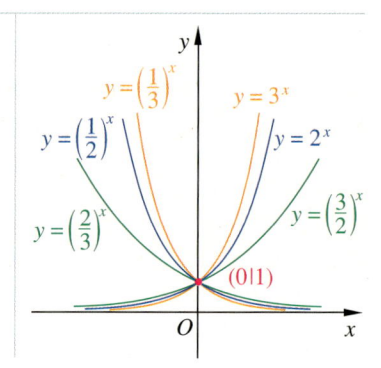

Logarithmusfunktionen

$f(x) = \log_a x \quad (a > 0; a \neq 1)$
$D(f) = \mathbb{R}_{>0}, W(f) = \mathbb{R}$

Für $a > 1$ steigt der Graph mit wachsenden x-Werten.
Für $0 < a < 1$ fällt der Graph mit wachsenden x-Werten.

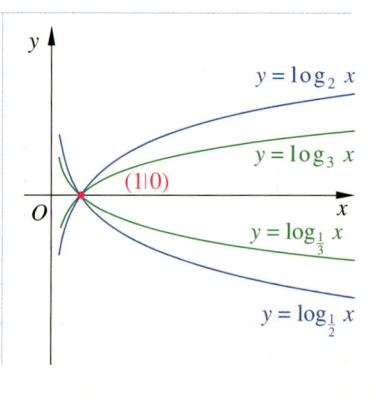

Funktionen

Betragsfunktion

$f(x) = |x| = \begin{cases} x \text{ für } x \geq 0 \\ -x \text{ für } x < 0 \end{cases}$

$D(f) = \mathbb{R}, W(f) = \mathbb{R}_{\geq 0}$

Die Betragsfunktion ist eine **gerade** Funktion.
(▷ Seite 17)

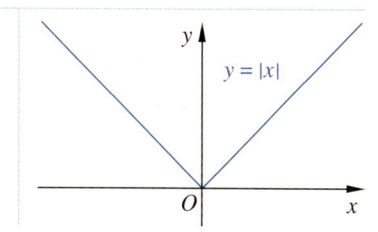

Signumfunktion

$f(x) = \operatorname{sgn} x = \begin{cases} 1 \text{ für } x > 0 \\ 0 \text{ für } x = 0 \\ -1 \text{ für } x < 0 \end{cases}$

$D(f) = \mathbb{R}, W(f) = \{-1; 0; 1\}$

Die Signumfunktion ist eine **ungerade** Funktion.
(▷ Seite 17)

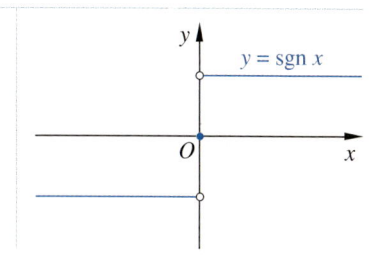

Zum Begriff der Umkehrfunktion

Umkehrbarkeit von Funktionen

Eine Funktion f heißt **umkehrbar** genau dann, wenn für $x_1, x_2 \in D(f)$ gilt:

$x_1 \neq x_2 \Rightarrow f(x_1) \neq f(x_2)$ oder $f(x_1) = f(x_2) \Rightarrow x_1 = x_2$.

Begriff der Umkehrfunktion

Ist eine Funktion f umkehrbar, so existiert die **Umkehrfunktion** f^* mit $D(f^*) = W(f)$ und $W(f^*) = D(f)$. Es gilt $(f^*)^* = f$ und $y = f(x) \Leftrightarrow x = f^*(y)$.

Bemerkung: Häufig wird die Umkehrfunktion zu einer Funktion f auch mit „$\overset{-1}{f}$" bezeichnet, gelesen „f oben minus 1".

Man beachte den Unterschied zwischen $\overset{-1}{f}(x)$ und $[f(x)]^{-1} = \dfrac{1}{f(x)}$.

Graph von Funktion und Umkehrfunktion

Wegen ihrer Äquivalenz haben die Gleichungen $y = f(x)$ und $x = f^*(y)$ denselben Graphen.

Wenn man – wie üblich – in der Gleichung $x = f^*(y)$ für die Funktion f^* die Variablen x und y austauscht ($y = f^*(x)$) und die beiden Funktionen zu $y = f(x)$ und $y = f^*(x)$ im gleichen x-y-Koordinatensystem darstellt, dann sind die Graphen von f und f^* achsensymmetrisch zur Winkelhalbierenden im 1. und 3. Quadranten. Man beachte, dass dann aber gilt:
$y = f^*(x) \Leftrightarrow x = f(y)$.

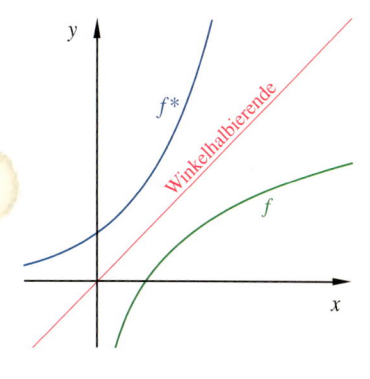

Prozent-, Zins- und Rentenrechnung

Der Prozentbegriff

Relative Anteile

Unter dem **relativen Anteil eines Wertes W an einem Grundwert G** versteht man die Zahl r mit

$$r = \frac{W}{G}, \quad \text{also} \quad W = r \cdot G.$$

Prozentanteil

Ist $r = \frac{p}{100}$, also $W = \frac{p}{100} \cdot G$, so hat der **Prozentwert W** einen **prozentualen Anteil von $p\,\%$** (gelesen „p-Prozent") am **Grundwert G**.
Die Zahl p nennt man die **Prozentzahl**; $p\,\% = \frac{p}{100}$ nennt man den **Prozentsatz**.

Promilleanteil

Ist $r = \frac{p}{1000}$, also $W = \frac{p}{1000} \cdot G$, so hat der **Wert W** einen **Anteil von $p\,‰$** (gelesen „p-Promille") am **Grundwert G**.

Zinsrechnung

Jahreszinsen

Wird ein Kapital K ein Jahr lang zu einem Zinssatz von $p\,\%$ angelegt, so gilt für den **Zinsertrag**: $Z = \frac{p}{100} \cdot K$.

Unterjährige Verzinsung

Wird ein Kapital K für t Tage zu einem Zinssatz von $p\,\%$ angelegt, so gilt für den **Zinsertrag**:
$Z = \frac{t}{360} \cdot \frac{p}{100} \cdot K$.

Zinsfaktor

Darunter versteht man bei $p\,\%$ Zinsen die Zahl $q = 1 + \frac{p}{100}$.

Zinseszinsen

Wird ein Kapital K_0 zu einem Zinssatz von $p\,\%$ angelegt, so wächst es bei jährlicher Zinsgutschrift nach n Jahren auf den **Endwert**
$K_n = K_0 \cdot q^n \quad \left(\text{mit } q = 1 + \frac{p}{100}\right)$.

Barwert eines Kapitals

Ein Kapital, das in n Jahren bei einer Verzinsung von $p\,\%$ auf den Wert K_n wachsen soll, hat anfangs den **Barwert** $B = \frac{K_n}{q^n} \quad \left(\text{mit } q = 1 + \frac{p}{100}\right)$.

Prozent-, Zins- und Rentenrechnung

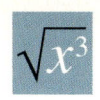

Tilgung einer Schuld durch jährliche Ratenzahlung (Annuitätentilgung)

Soll ein Schuldbetrag S durch gleich große am Ende eines jeden Jahres zu zahlende Raten – so genannte **Annuitäten** – in n Jahren getilgt werden, so beträgt diese Rate bei einem Zinssatz von $p\,\%$:

$$R = S \cdot q^n \cdot \frac{q-1}{q^n - 1} \quad \left(\text{mit } q = 1 + \frac{p}{100}\right).$$

Rentenrechnung. Abschreibung

Endwert und Barwert einer nachschüssigen Rente

Wird am **Ende** eines jeden Jahres eine Rate R („Rente") eingezahlt und mit $p\,\%$ verzinst, so beträgt der **Endwert** E_n nach n Jahren

$$E_n = R \cdot \frac{q^n - 1}{q - 1} \quad \left(\text{mit } q = 1 + \frac{p}{100}\right).$$

Der **Barwert** einer solchen Rente beträgt $B_n = R \cdot \dfrac{1}{q^n} \cdot \dfrac{q^n - 1}{q - 1}$.

Kapitalaufbau- und Kapitalabbauformel: $K_n \pm E_n = K_0 \cdot q^n \pm R \cdot \dfrac{q^n - 1}{q - 1}$ $\left(\text{mit } q = 1 + \dfrac{p}{100}\right)$

Endwert und Barwert einer vorschüssigen Rente

Wird am **Anfang** eines jeden Jahres eine Rate R („Rente") eingezahlt und mit $p\,\%$ verzinst, so beträgt der **Endwert** E_n nach n Jahren

$$E_n = R \cdot q \cdot \frac{q^n - 1}{q - 1} \quad \left(\text{mit } q = 1 + \frac{p}{100}\right).$$

Der **Barwert** einer solchen Rente beträgt $B_n = R \cdot \dfrac{1}{q^{n-1}} \cdot \dfrac{q^n - 1}{q - 1}$.

Kapitalaufbau- und Kapitalabbauformel: $K_n \pm E_n = K_0 \cdot q^n \pm R \cdot q \cdot \dfrac{q^n - 1}{q - 1}$ $\left(\text{mit } q = 1 + \dfrac{p}{100}\right)$

Lineare und degressive Abschreibung

Bei der **linearen Abschreibung** bezieht sich der Prozentsatz der Abschreibung in jedem Jahr auf die Anschaffungskosten des Wirtschaftsgutes, d. h., der Abschreibungsbetrag ist konstant.
Bei n Jahren Nutzungsdauer ist der Abschreibungsprozentsatz $\frac{100\%}{n}$. Das Wirtschaftsgut ist nach n Jahren voll abgeschrieben.

Bei der **degressiven Abschreibung** bezieht sich der Prozentsatz $p\,\%$ der Abschreibung auf die Buchwerte des Wirtschaftsgutes, d. h., im ersten Jahr auf die Anschaffungskosten R_0 und in den folgenden Jahren auf die sich vermindernden Restbuchwerte, d. h., der Abschreibungsbetrag verringert sich von Jahr zu Jahr.

Abschreibungsbetrag: $\quad a_n = \dfrac{p}{100} \cdot R_0 \cdot q^{n-1} \quad \left(\text{mit } q = 1 - \dfrac{p}{100}\right)$

Restwert nach der n-ten Abschreibung: $\quad R_n = R_0 \cdot q^n$

Geometrie der Sekundarstufe I

Winkel

Bezeichnungen: $\alpha, \beta, \gamma, \ldots$ Winkelmaße, Winkelgrößen
                 $\sphericalangle \alpha$ Winkel mit dem Winkelmaß α

Spezielle Winkelgrößen

Spitze Winkel: $0° < \alpha < 90°$
Rechter Winkel: $\alpha = 90°$
Stumpfe Winkel: $90° < \alpha < 180°$
Gestreckter Winkel: $\alpha = 180°$
Überstumpfe Winkel: $180° < \alpha < 360°$ (für Drehwinkel)

Winkel an Geraden

Winkel an sich schneidenden Geraden
$\sphericalangle \alpha$ und $\sphericalangle \beta$ sind **Nebenwinkel**; es gilt: $\alpha + \beta = 180°$.
$\sphericalangle \alpha$ und $\sphericalangle \gamma$ sind **Scheitelwinkel**; es gilt: $\alpha = \gamma$.

Winkel an geschnittenen Parallelen
$\sphericalangle \alpha$ und $\sphericalangle \beta$ bzw. $\sphericalangle \gamma$ und $\sphericalangle \delta$ sind **Stufenwinkel**; es gilt: $\alpha = \beta, \gamma = \delta$.
$\sphericalangle \alpha$ und $\sphericalangle \delta$ bzw. $\sphericalangle \beta$ und $\sphericalangle \gamma$ sind **Wechselwinkel**; es gilt: $\alpha = \delta, \beta = \gamma$.

Winkel am Dreieck

Innenwinkelsatz
In jedem Dreieck gilt: $\alpha + \beta + \gamma = 180°$.

Außenwinkelsatz
In jedem Dreieck gilt für die Außenwinkel:
$\alpha' = \beta + \gamma, \quad \beta' = \alpha + \gamma, \quad \gamma' = \alpha + \beta$.

Basiswinkelsatz
In jedem **gleichschenkligen Dreieck** sind die Basiswinkel gleich groß: Aus $a = b$ folgt $\alpha = \beta$.

Gleichseitige Dreiecke
In jedem gleichseitigen Dreieck ($a = b = c$) gilt für die Innenwinkel: $\alpha = \beta = \gamma = 60°$.

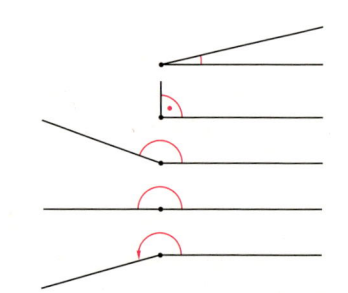

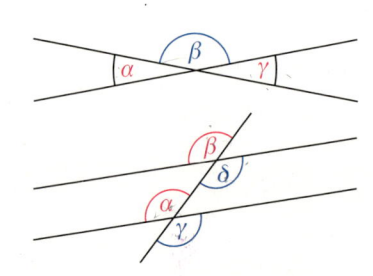

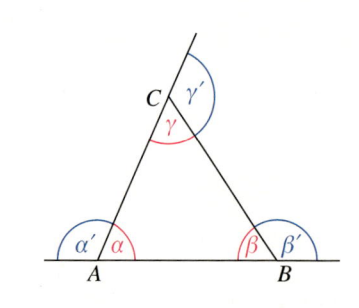

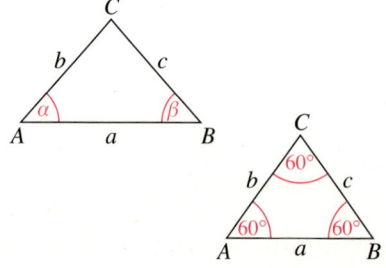

Winkel am Kreis

Umfangswinkel

Alle **Umfangswinkel** (**Peripheriewinkel**) über einem Bogen $\widehat{AB}$ haben die gleiche Größe γ.

Mittelpunktswinkel

Umfangswinkel sind halb so groß wie der **Mittelpunktswinkel** (**Zentriwinkel**) über dem gleichen Bogen: $\alpha = 2\gamma$.

Satz des Thales

Jeder Umfangswinkel über einem Halbkreisbogen (Durchmesser) ist ein rechter Winkel.

Das Bogenmaß eines Winkels

Gehört zum Mittelpunktswinkel $\sphericalangle \alpha$ eines Kreises mit dem Radius r die Bogenlänge b (▷ Seite 32), so versteht man unter dem **Bogenmaß** arc α (gelesen „arcus α") das Verhältnis $\frac{b}{r}$. Es gilt:

$$\operatorname{arc}\alpha = \frac{\pi}{180°} \cdot \alpha \quad \text{und} \quad \alpha = \frac{180°}{\pi} \cdot \operatorname{arc}\alpha. \quad (\pi \approx 3{,}14159)$$

Zusammenhang von Grad- und Bogenmaß für einige Werte:

α	0°	30°	45°	60°	90°	120°	180°	270°	360°
arc α	0	$\frac{\pi}{6}$	$\frac{\pi}{4}$	$\frac{\pi}{3}$	$\frac{\pi}{2}$	$\frac{2\pi}{3}$	π	$\frac{3\pi}{2}$	2π

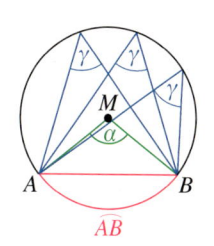

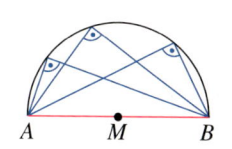

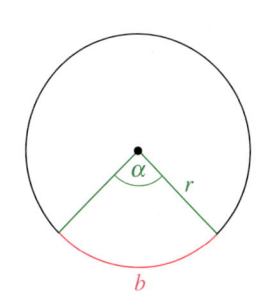

Dreiecke und Vierecke

Eigenschaften von Dreiecken

Innenwinkelsatz (▷ Seite 24)

Außenwinkelsatz (▷ Seite 24)

Dreiecksungleichung

In jedem Dreieck gilt: $a + b > c$, $b + c > a$, $c + a > b$.

Seiten und Winkel

In jedem Dreieck liegt der größeren Seite der größere Winkel gegenüber und umgekehrt; z. B.: $a > b \Leftrightarrow \alpha > \beta$.

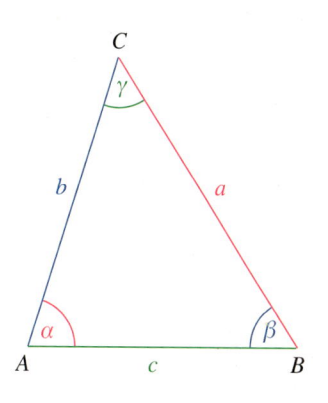

Dreiecke und Vierecke

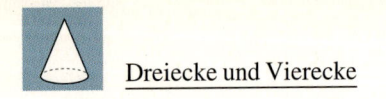

Linien und Punkte im Dreieck

Mittelsenkrechte und Umkreis

Die drei Mittelsenkrechten eines Dreiecks schneiden sich in einem Punkt, dem Mittelpunkt M des Umkreises.

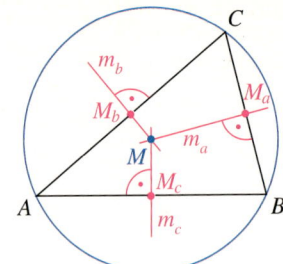

Winkelhalbierende und Inkreis

Die drei Winkelhalbierenden eines Dreiecks schneiden sich in einem Punkt, dem Mittelpunkt W des Inkreises.

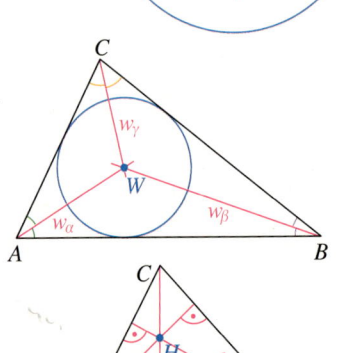

Höhen

Die drei Höhen eines Dreiecks schneiden sich in einem Punkt, dem Höhenschnittpunkt H.

Seitenhalbierende

Die drei Seitenhalbierenden eines Dreiecks schneiden sich in einem Punkt, dem Schwerpunkt S. Der Punkt S teilt die Seitenhalbierenden im Verhältnis $2:1$.

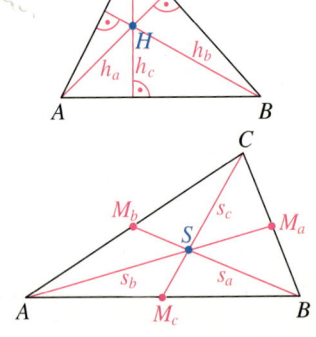

Kongruenzsätze für Dreiecke ($\triangle ABC \cong \triangle A'B'C'$)

SSS

Zwei Dreiecke $\triangle ABC$ und $\triangle A'B'C'$ sind schon kongruent, wenn sie in den Seitenlängen übereinstimmen; wenn also gilt: $a = a', b = b', c = c'$.

SWS

Zwei Dreiecke $\triangle ABC$ und $\triangle A'B'C'$ sind schon kongruent, wenn sie in zwei Seitenlängen und dem Maß des von diesen Seiten eingeschlossenen Winkels übereinstimmen; wenn also z. B. gilt: $a = a', b = b', \gamma = \gamma'$.

SsW

Zwei Dreiecke $\triangle ABC$ und $\triangle A'B'C'$ sind schon kongruent, wenn sie in zwei Seitenlängen und dem Maß des Gegenwinkels der längeren (oder wenigstens nicht kürzeren) der beiden Seiten übereinstimmen; wenn also z. B. gilt: $a \geq b, a = a', b = b', \alpha = \alpha'$.

WSW

Zwei Dreiecke $\triangle ABC$ und $\triangle A'B'C'$ sind schon kongruent, wenn sie in einer Seitenlänge und den Maßen der beiden anliegenden Winkel übereinstimmen; wenn also z. B. gilt: $\alpha = \alpha', \beta = \beta', c = c'$.

Dreiecke und Vierecke

Zwei Ähnlichkeitssätze für Dreiecke ($\triangle ABC \sim \triangle A'B'C'$)

Zwei Winkel

Zwei Dreiecke $\triangle ABC$ und $\triangle A'B'C'$ sind schon ähnlich, wenn sie in zwei Winkelmaßen übereinstimmen; wenn also z. B. gilt: $\alpha = \alpha'$, $\beta = \beta'$.

Verhältnis der Seiten

Zwei Dreiecke $\triangle ABC$ und $\triangle A'B'C'$ sind schon ähnlich, wenn gilt:
$\dfrac{a}{a'} = \dfrac{b}{b'} = \dfrac{c}{c'}$, also $a : b : c = a' : b' : c'$.

Die Strahlensätze

Erster Strahlensatz

Wird ein Zweistrahl von zwei parallelen Geraden geschnitten, so gilt:
$|\overline{SA_1}| : |\overline{SA_2}| : |\overline{A_1A_2}| = |\overline{SB_1}| : |\overline{SB_2}| : |\overline{B_1B_2}|$.

Umkehrung des ersten Strahlensatzes

Wird ein Zweistrahl von zwei Geraden g und h geschnitten und gilt
$|\overline{SA_1}| : |\overline{SA_2}| = |\overline{SB_1}| : |\overline{SB_2}|$,
so sind die Geraden parallel.

Zweiter Strahlensatz

Wird ein Zweistrahl von zwei parallelen Geraden geschnitten, so gilt:
$|\overline{SA_1}| : |\overline{SA_2}| = |\overline{SB_1}| : |\overline{SB_2}| = |\overline{A_1B_1}| : |\overline{A_2B_2}|$.
(Die Umkehrung des zweiten Strahlensatzes ist kein gültiger Satz.)

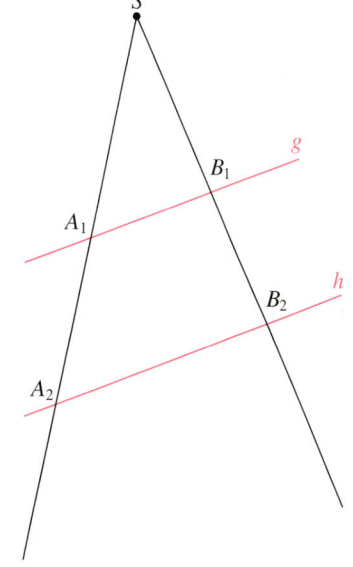

Rechtwinklige Dreiecke ($\triangle ABC$ mit $\gamma = 90°$)

Satz des Pythagoras

In jedem rechtwinkligen Dreieck gilt für die Längen a, b der Katheten und die Länge c der Hypotenuse: $a^2 + b^2 = c^2$.

Kathetensatz

Für die Längen a, b der Katheten und die Längen p, q der Hypotenusenabschnitte gilt: $a^2 = p \cdot c$ und $b^2 = q \cdot c$.

Höhensatz

Für die Höhe h und die Längen p, q der Hypotenusenabschnitte gilt: $h^2 = p \cdot q$.

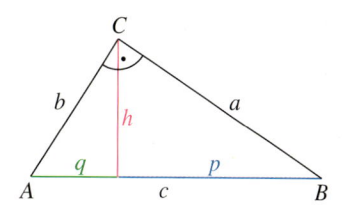

Geometrie der Sekundarstufe I

Dreiecke und Vierecke

Umfänge und Flächeninhalte von Dreiecken und von Vierecken

Bezeichnungen: a, b, c, d Seitenlängen
e, f Diagonalenlängen von Vierecken
h, h_a, h_b, h_c Höhen
u Umfang
A Flächeninhalt

Gleichseitiges Dreieck ($a = b = c$)
$u = 3a \qquad h = \frac{\sqrt{3}}{2} a$
$A = \frac{\sqrt{3}}{4} a^2$

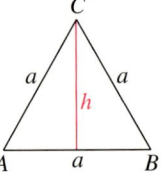

Gleichschenkliges Dreieck ($a = b$)
$u = 2a + c = 2b + c \qquad h_c = \sqrt{a^2 - \left(\frac{c}{2}\right)^2}$
$A = \frac{1}{2} c \cdot h_c$

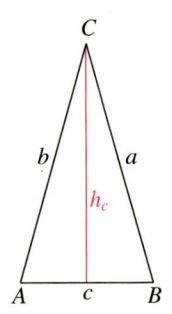

Rechtwinkliges Dreieck ($\gamma = 90°$)
$u = a + b + c$
$A = \frac{1}{2} c \cdot h = a \cdot b$

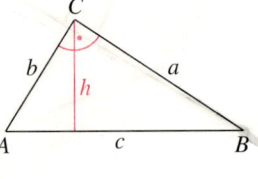

Beliebiges Dreieck
$u = a + b + c$
$A = \frac{1}{2} a \cdot h_a = \frac{1}{2} b \cdot h_b = \frac{1}{2} c \cdot h_c$

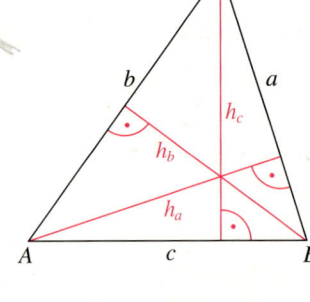

Quadrat
$u = 4a$
$A = a^2$

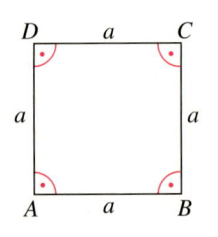

Rechteck
$u = 2(a + b)$
$A = a \cdot b$

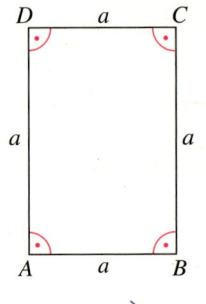

Trapez
$u = a + b + c + d$
$A = \frac{a+c}{2} \cdot h$

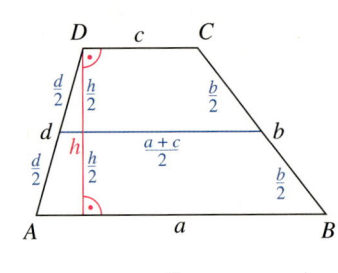

Parallelogramm
$u = 2(a + b)$
$A = a \cdot h_a = b \cdot h_b$

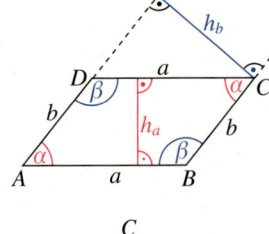

Raute (Rhombus)
$u = 4a$
$A = a \cdot h = \frac{1}{2} e \cdot f$

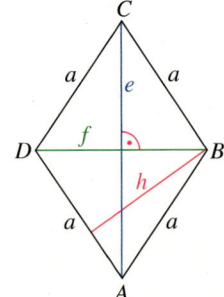

Drachenviereck
$u = 2(a + b)$
$A = \frac{1}{2} e \cdot f$

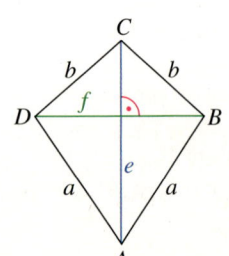

Kreise

Kreisumfang, Kreisinhalt, Kreisteile (Radius r)

Kreisumfang
$u = 2\pi r$ ($\pi \approx 3{,}14159$)

Kreisinhalt
$A = \pi r^2$

Kreisbogen
$b = 2\pi r \cdot \dfrac{\alpha}{360°} = \dfrac{\pi r \alpha}{180°}$

Kreisausschnitt (Kreissektor)
$A = \pi r^2 \cdot \dfrac{\alpha}{360°} = \dfrac{br}{2}$

Kreisabschnitt (Kreissegment)
$A = \dfrac{r^2}{2}\left(\dfrac{\pi \alpha}{180°} - \sin \alpha\right)$

Kreisring
$A = \pi(r_1{}^2 - r_2{}^2)$

Sätze am Kreis

Sehnensatz
Schneiden sich zwei Sehnen innerhalb eines Kreises, so gilt:
$|\overline{SA_1}| \cdot |\overline{SA_2}| = |\overline{SB_1}| \cdot |\overline{SB_2}|$.

Sekantensatz
Schneiden sich zwei Sekanten außerhalb eines Kreises, so gilt:
$|\overline{SA_1}| \cdot |\overline{SA_2}| = |\overline{SB_1}| \cdot |\overline{SB_2}|$.

Sekanten-Tangenten-Satz
Schneiden sich eine Sekante und eine Tangente eines Kreises,
so gilt: $|\overline{SA_1}| \cdot |\overline{SA_2}| = |\overline{SB}|^2$.

Sehnenviereck (Kreisviereck)
In jedem Sehnenviereck gilt: $\alpha + \gamma = \beta + \delta = 180°$.
Umkehrung: Gilt in einem Viereck $\alpha + \gamma = \beta + \delta = 180°$, so ist es ein Sehnenviereck.

Tangentenviereck
In jedem Tangentenviereck gilt: $a + c = b + d$.
Umkehrung: Gilt in einem Viereck $a + c = b + d$ so ist es ein Tangentenviereck.

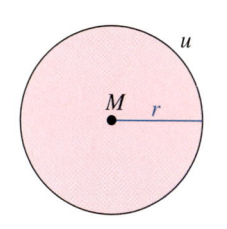

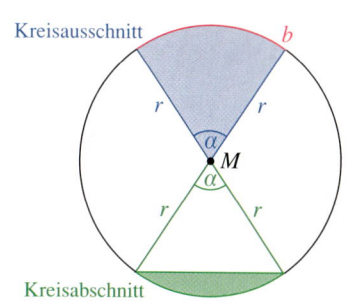

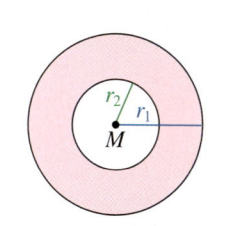

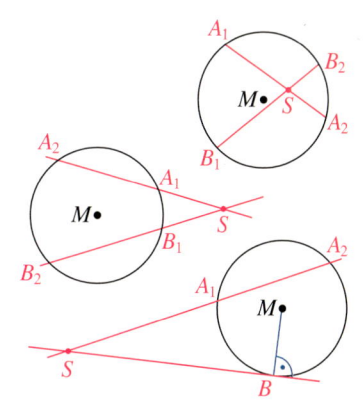

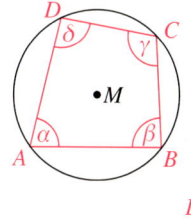

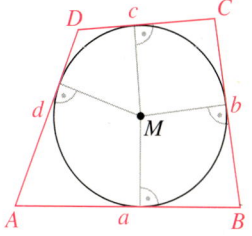

Körper

Bezeichnungen:
a, b, c Kantenlängen
h Höhe
h_a Höhe einer Seitenfläche
s Länge einer Mantellinie
G Inhalt der Grundfläche
M Inhalt der Mantelfläche
O Inhalt der Oberfläche
V Volumen

Einfache Körper

Würfel

$O = 6a^2$
$V = a^3$

Quader

$O = 2(a \cdot b + a \cdot c + b \cdot c)$
$V = a \cdot b \cdot c$

Prisma

$O = 2 \cdot G + M$
$V = G \cdot h$

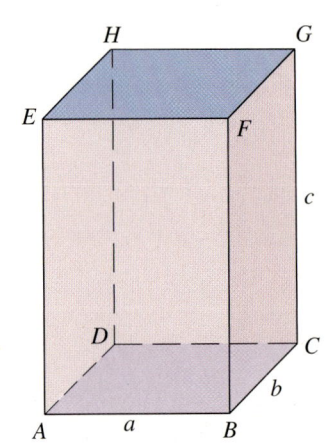

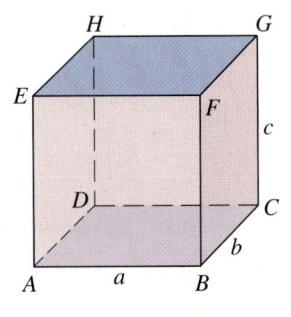

Pyramiden

Allgemeine Formeln

$O = G + M$
$V = \dfrac{1}{3} G \cdot h$

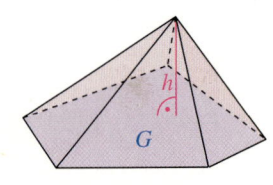

Dreiseitige Pyramide mit gleichseitiger Grundfläche

$O = \dfrac{\sqrt{3}}{4} a^2 + \dfrac{3}{2} a \cdot h_a \qquad M = \dfrac{3}{2} a \cdot h_a \qquad h_a = \dfrac{\sqrt{3}}{2} a$

$V = \dfrac{\sqrt{3}}{12} a^2 \cdot h$

Tetraeder

$O = \sqrt{3} a^2 \qquad h = \sqrt{\dfrac{2}{3}} a$

$V = \dfrac{\sqrt{2}}{12} a^3$

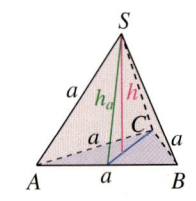

Quadratische Pyramide

$O = a^2 + 2a \cdot h_a \qquad M = 2a \cdot h_a$

$V = \dfrac{1}{3} a^2 \cdot h$

Pyramidenstumpf

$O = G_1 + G_2 + M$

$V = \dfrac{h}{3}\left(G_1 + \sqrt{G_1 \cdot G_2} + G_2\right)$

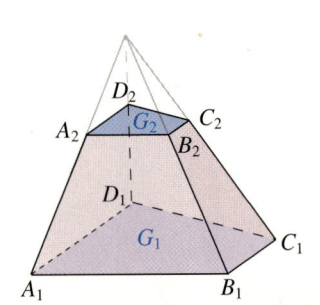

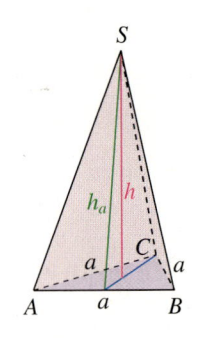

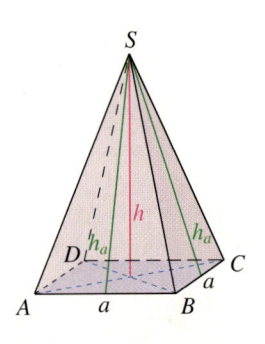

Körper

Gekrümmte Körper

Zylinder (gerader Kreiszylinder)

$M = 2\pi r \cdot h$
$O = 2\pi r \cdot (r + h)$
$V = \pi r^2 \cdot h$

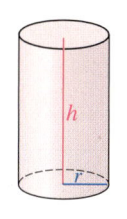

Kegel (gerader Kreiskegel)

$M = \pi r \cdot s$
$O = \pi r \cdot (r + s)$
$V = \dfrac{\pi}{3} r^2 \cdot h$

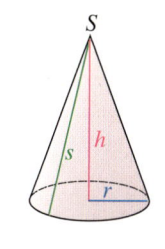

Kegelstumpf

$M = \pi s (r_1 + r_2)$
$O = \pi [r_1^2 + s \cdot (r_1 + r_2) + r_2^2]$
$V = \dfrac{\pi}{3} h \cdot (r_1^2 + r_1 \cdot r_2 + r_2^2)$

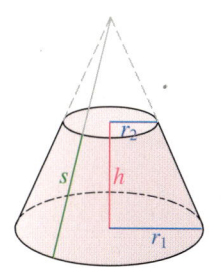

Kugel

$O = 4\pi r^2$
$V = \dfrac{4}{3} \pi r^3$

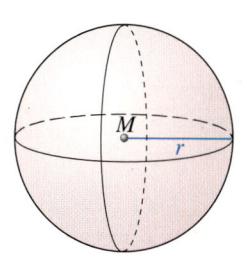

Kugelabschnitt (Kugelkappe)

$M = 2\pi r \cdot h = \pi (r_1^2 + h^2)$
$V = \dfrac{\pi}{3} h^2 (3r - h) = \dfrac{\pi h}{6} (3r_1^2 + h^2)$

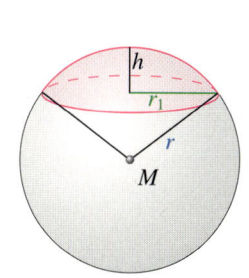

Kugelausschnitt (Kugelsektor)

$M = 2\pi r \left(h + \dfrac{1}{2} \sqrt{h(2r - h)} \right)$
$V = \dfrac{2\pi}{3} r^2 \cdot h$

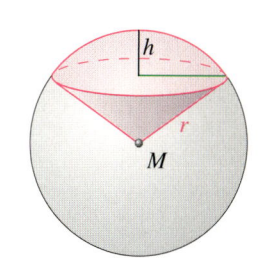

Kugelschicht (Kugelzone)

$M = 2\pi r \cdot h$
$V = \dfrac{\pi h}{6} (3r_1^2 + 3r_2^2 + h^2)$

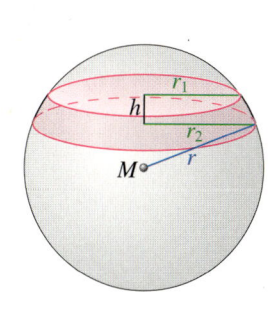

Geometrie der Sekundarstufe I

Trigonometrie

Die Winkelfunktionen (Kreisfunktionen)

Definition für spitze Winkel am rechtwinkligen Dreieck

Sinus: $\sin \alpha = \dfrac{a}{c}$

Kosinus: $\cos \alpha = \dfrac{b}{c}$

Tangens: $\tan \alpha = \dfrac{a}{b}$

Kotangens: $\cot \alpha = \dfrac{b}{a}$

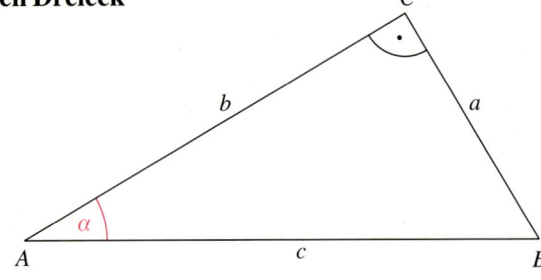

Definition für beliebige Winkelmaße α am Einheitskreis

Sinus: $\sin \alpha = y$

Kosinus: $\cos \alpha = x$

Tangens: $\tan \alpha = \dfrac{y}{x} = \dfrac{\sin \alpha}{\cos \alpha}$

Kotangens: $\cot \alpha = \dfrac{x}{y} = \dfrac{\cos \alpha}{\sin \alpha}$

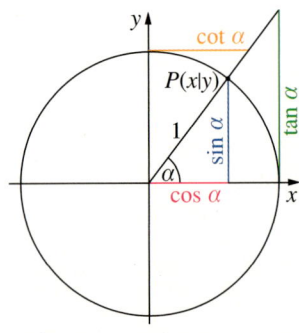

Hinweise

■ Wird bei Winkelfunktionen der Winkel im **Bogenmaß** (▷ Seite 25) gemessen, so bezeichnet man dieses in der Regel mit einem kleinen lateinischen Buchstaben, meist mit x; es ist dann $x = \text{arc}\,\alpha$.

■ Die Kotangensfunktion wird heute nur noch selten verwendet. In dieser Formelsammlung wird sie deshalb nicht weiter berücksichtigt.

Grundlegende Beziehungen für Winkelfunktionswerte

Für alle Winkelmaße α gilt: $\quad \sin^2 \alpha + \cos^2 \alpha = 1.$
Für alle $x \in \mathbb{R}$ (also x im Bogenmaß) gilt: $\quad \sin^2 x + \cos^2 x = 1.$

Spezielle Werte der Winkelfunktionen und Vorzeichen in den vier Quadranten

Gradmaß	Bogenmaß	sin	cos	tan
0°	0	0	1	0
30°	$\frac{\pi}{6}$	$\frac{1}{2}$	$\frac{1}{2}\sqrt{3}$	$\frac{1}{3}\sqrt{3}$
45°	$\frac{\pi}{4}$	$\frac{1}{2}\sqrt{2}$	$\frac{1}{2}\sqrt{2}$	1
60°	$\frac{\pi}{3}$	$\frac{1}{2}\sqrt{3}$	$\frac{1}{2}$	$\sqrt{3}$
90°	$\frac{\pi}{2}$	1	0	—

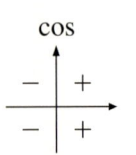

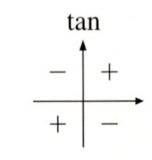

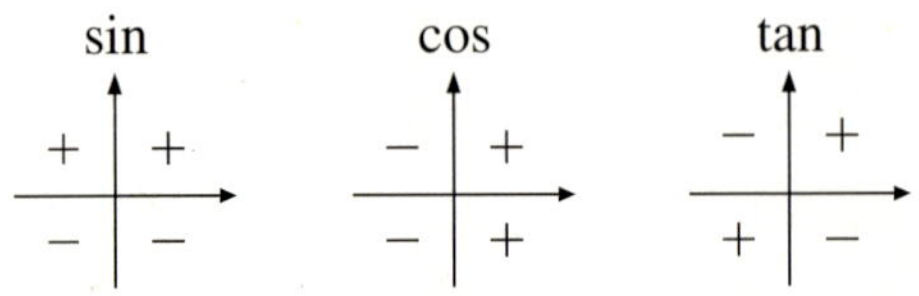

Trigonometrie

Beziehungen der Winkelfunktionen

Symmetrieeigenschaften

	$90°-\alpha$	$90°+\alpha$	$180°-\alpha$	$180°+\alpha$	$270°-\alpha$	$270°+\alpha$	$360°-\alpha$	$-\alpha$
sin	$\cos\alpha$	$\cos\alpha$	$\sin\alpha$	$-\sin\alpha$	$-\cos\alpha$	$-\cos\alpha$	$-\sin\alpha$	$-\sin\alpha$
cos	$\sin\alpha$	$-\sin\alpha$	$-\cos\alpha$	$-\cos\alpha$	$-\sin\alpha$	$\sin\alpha$	$\cos\alpha$	$\cos\alpha$

	$\frac{\pi}{2}-x$	$\frac{\pi}{2}+x$	$\pi-x$	$\pi+x$	$\frac{3\pi}{2}-x$	$\frac{3\pi}{2}+x$	$2\pi-x$	$-x$
sin	$\cos x$	$\cos x$	$\sin x$	$-\sin x$	$-\cos x$	$-\cos x$	$-\sin x$	$-\sin x$
cos	$\sin x$	$-\sin x$	$-\cos x$	$-\cos x$	$-\sin x$	$\sin x$	$\cos x$	$\cos x$

Umrechnung der Winkelfunktionswerte

Für $0° < \alpha < 90°$ gilt:

$$\sin\alpha = \sqrt{1-\cos^2\alpha} = \frac{\tan\alpha}{\sqrt{1+\tan^2\alpha}}$$

$$\cos\alpha = \sqrt{1-\sin^2\alpha} = \frac{1}{\sqrt{1+\tan^2\alpha}}$$

$$\tan\alpha = \frac{\sin\alpha}{\sqrt{1-\sin^2\alpha}} = \frac{\sqrt{1-\cos^2\alpha}}{\cos\alpha}$$

Für $0 < x < \frac{\pi}{2}$ gilt:

$$\sin x = \sqrt{1-\cos^2 x} = \frac{\tan x}{\sqrt{1+\tan^2 x}}$$

$$\cos x = \sqrt{1-\sin^2 x} = \frac{1}{\sqrt{1+\tan^2 x}}$$

$$\tan x = \frac{\sin x}{\sqrt{1-\sin^2 x}} = \frac{\sqrt{1-\cos^2 x}}{\cos x}$$

Periodizität der Winkelfunktionen

Für alle $x \in \mathbb{R}, n \in \mathbb{N}$ gilt:

$\sin(x \pm 2n\pi) = \sin x$ $\cos(x \pm 2n\pi) = \cos x$ $\tan(x \pm n\pi) = \tan x$
Periode 2π Periode 2π Periode π

Graphen der Winkelfunktionen

$f(x) = \sin x$, $D(f) = \mathbb{R}$, $W(f) = [-1; 1]$ Die Sinusfunktion ist eine ungerade Funktion.
$f(x) = \cos x$, $D(f) = \mathbb{R}$ $W(f) = [-1; 1]$ Die Kosinusfunktion ist eine gerade Funktion.

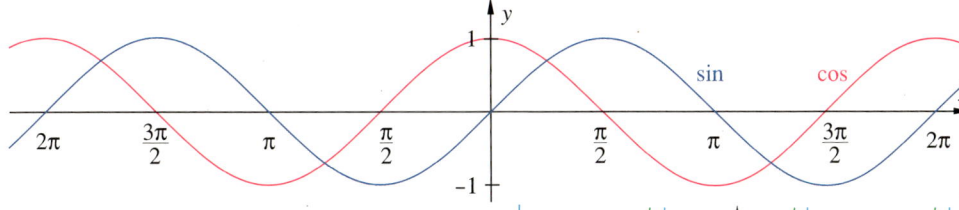

$f(x) = \tan x$
$D(f) = \{x \in \mathbb{R} \mid x \neq (2n+1) \cdot \frac{\pi}{2} \wedge n \in \mathbb{Z}\}$
$W(f) = \mathbb{R}$
Die Tangensfunktion ist eine ungerade Funktion.

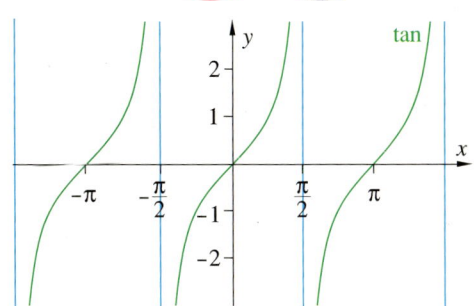

Trigonometrie

Additionstheoreme

Additionstheoreme erster Art

Für alle Winkelmaße α, β gilt:

$\sin(\alpha+\beta) = \sin\alpha \cdot \cos\beta + \cos\alpha \cdot \sin\beta$ $\qquad$ $\sin(\alpha-\beta) = \sin\alpha \cdot \cos\beta - \cos\alpha \cdot \sin\beta$

$\cos(\alpha+\beta) = \cos\alpha \cdot \cos\beta - \sin\alpha \cdot \sin\beta$ $\qquad$ $\cos(\alpha-\beta) = \cos\alpha \cdot \cos\beta + \sin\alpha \cdot \sin\beta$

$\tan(\alpha+\beta) = \dfrac{\tan\alpha + \tan\beta}{1 - \tan\alpha \cdot \tan\beta}$ $\qquad$ $\tan(\alpha-\beta) = \dfrac{\tan\alpha - \tan\beta}{1 + \tan\alpha \cdot \tan\beta}$

(für $\tan\alpha \cdot \tan\beta \neq 1$) $\qquad$ (für $\tan\alpha \cdot \tan\beta \neq -1$)

Für alle Winkelmaße α gilt:

$\sin 2\alpha = 2\sin\alpha \cdot \cos\alpha$ $\qquad$ $\sin 3\alpha = 3\sin\alpha - 4\sin^3\alpha$

$\cos 2\alpha = \cos^2\alpha - \sin^2\alpha$ $\qquad$ $\cos 3\alpha = 4\cos^3\alpha - 3\cos\alpha$
$\qquad\;\; = 2\cos^2\alpha - 1 = 1 - 2\sin^2\alpha$

$\tan 2\alpha = \dfrac{2\tan\alpha}{1 - \tan^2\alpha}$ (für $\tan^2\alpha \neq 1$) $\qquad$ $\tan 3\alpha = \dfrac{3\tan\alpha - \tan^3\alpha}{1 - 3\tan^2\alpha}$ (für $\tan^2\alpha \neq \tfrac{1}{3}$)

$\left.\begin{array}{l}\sin\dfrac{\alpha}{2} = \pm\sqrt{\dfrac{1-\cos\alpha}{2}} \\[2ex] \cos\dfrac{\alpha}{2} = \pm\sqrt{\dfrac{1+\cos\alpha}{2}}\end{array}\right\}$ Das Vorzeichen hängt davon ab, in welchem Quadranten $\sphericalangle \dfrac{\alpha}{2}$ liegt.

$\tan\dfrac{\alpha}{2} = \dfrac{\sin\alpha}{1+\cos\alpha} = \dfrac{1-\cos\alpha}{\sin\alpha} = \sqrt{\dfrac{1-\cos\alpha}{1+\cos\alpha}}$ (für $\cos\alpha \neq -1$)

Additionstheoreme zweiter Art

Für alle Winkelmaße α, β gilt:

$\sin\alpha + \sin\beta = 2\sin\dfrac{\alpha+\beta}{2} \cdot \cos\dfrac{\alpha-\beta}{2}$ $\qquad$ $\sin\alpha - \sin\beta = 2\cos\dfrac{\alpha+\beta}{2} \cdot \sin\dfrac{\alpha-\beta}{2}$

$\cos\alpha + \cos\beta = 2\cos\dfrac{\alpha+\beta}{2} \cdot \cos\dfrac{\alpha-\beta}{2}$ $\qquad$ $\cos\alpha - \cos\beta = -2\sin\dfrac{\alpha+\beta}{2} \cdot \sin\dfrac{\alpha-\beta}{2}$

Anwendung auf ebene Dreiecke

Sinussatz

$\sin\alpha : \sin\beta : \sin\gamma = a : b : c$ oder:

$\dfrac{a}{\sin\alpha} = \dfrac{b}{\sin\beta} = \dfrac{c}{\sin\gamma} = 2r$ (r: Umkreisradius)

Kosinussatz

$a^2 = b^2 + c^2 - 2bc \cdot \cos\alpha$ $\qquad$ $b^2 = c^2 + a^2 - 2ca \cdot \cos\beta$ $\qquad$ $c^2 = a^2 + b^2 - 2ab \cdot \cos\gamma$

Flächenmaßzahl eines Dreiecks

$A = \tfrac{1}{2}bc \cdot \sin\alpha = \tfrac{1}{2}ca \cdot \sin\beta = \tfrac{1}{2}ab \cdot \sin\gamma = 2r^2 \cdot \sin\alpha \cdot \sin\beta \cdot \sin\gamma$

Zahlenfolgen

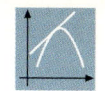

Grenzwertsätze für Zahlenfolgen

- $\lim\limits_{n\to\infty} a_n = a \Rightarrow \lim\limits_{n\to\infty} |a_n| = |a|$
- $\lim\limits_{n\to\infty} a_n = a \Rightarrow \lim\limits_{n\to\infty} (a_n + c) = a + c$ (für $c \in \mathbb{R}$)
- $\lim\limits_{n\to\infty} a_n = a \Rightarrow \lim\limits_{n\to\infty} (c \cdot a_n) = c \cdot a$ (für $c \in \mathbb{R}$)
- $\lim\limits_{n\to\infty} a_n = a \wedge \lim\limits_{n\to\infty} b_n = b \Rightarrow \lim\limits_{n\to\infty} (a_n \pm b_n) = a \pm b$
- $\lim\limits_{n\to\infty} a_n = a \wedge \lim\limits_{n\to\infty} b_n = b \Rightarrow \lim\limits_{n\to\infty} (a_n \cdot b_n) = a \cdot b$
- $\lim\limits_{n\to\infty} a_n = a \wedge \lim\limits_{n\to\infty} b_n = b \Rightarrow \lim\limits_{n\to\infty} (a_n : b_n) = a : b$ (für $b_n, b \neq 0$)
- $\lim\limits_{n\to\infty} a_n = g \wedge \lim\limits_{n\to\infty} b_n = g \wedge a_n \leq c_n \leq b_n$ (für $n \geq n_0$) $\Rightarrow \lim\limits_{n\to\infty} c_n = g$
- Jede konvergente Zahlenfolge ist beschränkt.
- Jede monotone und beschränkte Zahlenfolge ist konvergent.

Intervallschachtelungen

Definition

Zwei Folgen $\langle a_n \rangle$ und $\langle b_n \rangle$ mit $a_n \leq b_n$ bilden eine **Intervallschachtelung** genau dann, wenn die Zahlenfolge $\langle a_n \rangle$ monoton steigt, die Zahlenfolge $\langle b_n \rangle$ monoton fällt und die Folge $\langle b_n - a_n \rangle$ eine Nullfolge, also $\lim\limits_{n\to\infty} (b_n - a_n) = 0$ ist.

Cantorsches Axiom

In der Menge der reellen Zahlen besitzt jede Intervallschachtelung eine „innere Zahl" z, die zu allen Intervallen $[a_n; b_n]$ gehört (Vollständigkeit der reellen Zahlen).
Es gilt: $\lim\limits_{n\to\infty} a_n = \lim\limits_{n\to\infty} b_n = z$.

Rekursiv definierte Zahlenfolgen

Startwert und Rekursionsvorschrift

Eine Zahlenfolge $\langle a_n \rangle$ kann auch durch einen **Startwert** a_1 und eine **Rekursionsvorschrift** $a_{n+1} = f(a_n)$ für $n = 1; 2; 3; \ldots$ festgelegt werden.

Arithmetische Zahlenfolgen

Eine Zahlenfolge $\langle a_n \rangle$ heißt eine **arithmetische Zahlenfolge** genau dann, wenn es eine Zahl $d \in \mathbb{R}_{\neq 0}$ gibt, sodass für alle $n \in \mathbb{N}^*$ gilt: $a_{n+1} = a_n + d$, also $a_{n+1} - a_n = d$.
Dann gilt für alle $n \in \mathbb{N}^*$: $a_n = a_1 + (n-1) \cdot d$.
Jede arithmetische Zahlenfolge ist divergent.

Geometrische Zahlenfolgen

Eine Zahlenfolge $\langle a_n \rangle$ heißt eine **geometrische Zahlenfolge** genau dann, wenn es eine Zahl $q \in \mathbb{R}_{\neq 0}$ gibt, sodass für alle $n \in \mathbb{N}^*$ gilt: $a_{n+1} = q \cdot a_n$, also $\dfrac{a_{n+1}}{a_n} = q$.
Dann gilt für alle $n \in \mathbb{N}^*$: $a_n = a_1 \cdot q^{n-1}$.
Ist $q > 1$ oder $q \leq -1$, so ist die geometrische Folge divergent; ist $q = 1$, so gilt $\lim\limits_{n\to\infty} a_n = a_1$.
Gilt $0 < |q| < 1$, so ist die geometrische Folge eine Nullfolge: $\lim\limits_{n\to\infty} a_n = a_1 \cdot \lim\limits_{n\to\infty} q^{n-1} = 0$.

Reihen

Definition

Unter einer **Reihe** versteht man eine Zahlenfolge $\langle s_n \rangle$ mit den **Partialsummen** $s_n = a_1 + a_2 + \cdots + a_n = \sum_{k=1}^{n} a_k$ einer Zahlenfolge $\langle a_n \rangle$.

Existiert der Grenzwert $\lim_{n \to \infty} s_n = g$, dann heißt die Reihe konvergent; man schreibt: $\sum_{k=1}^{\infty} a_k = g$.

Arithmetische Reihen

Unter einer **arithmetischen Reihe** versteht man eine Folge $\langle s_n \rangle$ mit den Partialsummen einer arithmetischen Zahlenfolge $\langle a_n \rangle$, also eine Folge mit den Partialsummen

$$s_n = \sum_{k=1}^{n} [a_1 + (k-1) \cdot d].$$

Für alle $n \in \mathbb{N}^*$ gilt: $s_n = n \cdot \dfrac{a_1 + a_n}{2} = \dfrac{n}{2}[2a_1 + (n-1)d]$.

Beispiel: Summe der ersten n natürlichen Zahlen: $s_n = 1 + 2 + 3 + \cdots + n = \sum_{k=1}^{n} k = \dfrac{n(n+1)}{2}$.
Jede arithmetische Reihe ist divergent.

Geometrische Reihen

Unter einer **geometrischen Reihe** versteht man eine Folge $\langle s_n \rangle$ mit den Partialsummen einer geometrischen Zahlenfolge $\langle a_n \rangle$, also eine Folge mit den Partialsummen

$$s_n = \sum_{k=1}^{n} a_1 \cdot q^{k-1}.$$

Ist $q \neq 1$, so gilt alle $n \in \mathbb{N}^*$: $s_n = a_1 \cdot \dfrac{q^n - 1}{q - 1} = a_1 \cdot \dfrac{1 - q^n}{1 - q}$. Ist $q = 1$, so gilt: $s_n = n \cdot a_1$.

Eine geometrische Reihe ist konvergent für $0 < |q| < 1$; es gilt:

$$\lim_{n \to \infty} s_n = \lim_{n \to \infty} \sum_{k=1}^{n} a_1 q^{k-1} = \sum_{k=1}^{\infty} a_1 q^{k-1} = \dfrac{a_1}{1 - q}.$$

Spezielle Partialsummen

$$1 + 2 + 3 + \cdots + n = \dfrac{n(n+1)}{2}$$

$$2 + 4 + 6 + \cdots + 2n = n(n+1)$$

$$1 + 3 + 5 + \cdots + (2n-1) = n^2$$

$$1^2 + 2^2 + 3^2 + \cdots + n^2 = \dfrac{n(n+1)(2n+1)}{6}$$

$$1^3 + 2^3 + 3^3 + \cdots + n^3 = \left(\dfrac{n(n+1)}{2}\right)^2$$

Hinweis: Die Allgemeingültigkeit dieser Aussageformen $A(n)$ kann mit dem Verfahren der sogenannten „vollständigen Induktion" (▷ Seite 39) bewiesen werden.

Zahlenfolgen

Konvergenzkriterien für Reihen

Notwendige Bedingung

Wenn die Reihe zu $s_n = \sum_{k=1}^{n} a_k$ konvergiert, dann gilt $\lim_{n \to \infty} a_n = 0$.

Hinreichende Bedingungen

Eine Reihe zu $s_n = \sum_{k=1}^{n} a_k$ mit $a_n \geq 0$ (für alle $n \in \mathbb{N}$) ist konvergent, wenn

- für alle $n \in \mathbb{N}$ gilt $a_n \leq b_n$ und die Reihe zu $\sum_{k=1}^{n} b_k$ konvergent ist (**Majorantenkriterium**);
- $\lim_{n \to \infty} \frac{a_{n+1}}{a_n} < 1$ ist (**Quotientenkriterium**);
- $\lim_{n \to \infty} \sqrt[n]{a_n} < 1$ ist (**Wurzelkriterium**).

Eine Reihe mit alternierenden Gliedern ist konvergent, wenn für alle $n \in \mathbb{N}$ gilt $|a_{n+1}| < |a_n|$ und $\lim_{n \to \infty} a_n = 0$ (**Leibniz-Kriterium**).

Die harmonische Reihe

Die harmonische Reihe zu $s_n = 1 + \frac{1}{2} + \frac{1}{3} + \cdots + \frac{1}{n} = \sum_{k=1}^{n} \frac{1}{k}$ ist divergent.

Das Beweisverfahren der „vollständigen Induktion"

Das Verfahren

Die Allgemeingültigkeit einer Aussageform $A(n)$ in der Menge $\mathbb{N}^*$ (bzw. $\mathbb{N}$) kann in vielen Fällen folgendermaßen bewiesen werden.

1. Schritt: $A(1)$ (oder auch $A(0)$) ist eine wahre Aussage. (**Induktionsverankerung**)
2. Schritt: $A(n) \Rightarrow A(n+1)$ (**Schluss von n auf $n+1$**)

Ein Beispiel

Behauptung: Für alle $n \in \mathbb{N}^*$ gilt: $1 + 3 + 5 + \cdots + (2n-1) = n^2$.
Beweis: 1. Schritt: $A(1) : 1 = 1^2$ *(wahre Aussage)*
            2. Schritt: $A(n) : 1 + 2 + 3 + \cdots + (2n-1) = n^2$
            $\Rightarrow \quad 1 + 2 + 3 + \cdots + (2n-1) + (2n+1) = n^2 + (2n+1)$
            $\Rightarrow \quad 1 + 2 + 3 + \cdots + (2n+1) = (n+1)^2$,
            also $A(n+1)$, q.e.d.

Hinweis zur Induktionsvoraussetzung

Im 2. Schritt nennt man $A(n)$ die „Induktionsvoraussetzung". Dies bedeutet jedoch nicht, in diesem Beweisschritt würde vorausgesetzt, die Aussageform $A(n)$ sei erfüllbar (oder gar allgemeingültig), sondern nur, dass $A(n)$ bei der Herleitung von $A(n+1)$ verwendet werden kann.

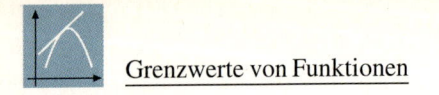

Grenzwerte von Funktionen

Funktionseigenschaften

Monotonie von Funktionen

Eine Funktion f, die über einer Menge M definiert ist, heißt **monoton steigend über M** genau dann, wenn für $x_1, x_2 \in M$ gilt: $x_1 < x_2 \ \Rightarrow \ f(x_1) \leq f(x_2)$.
Gilt sogar $x_1 < x_2 \ \Rightarrow \ f(x_1) < f(x_2)$, so heißt f **streng monoton steigend über M**.

Eine Funktion f, die über einer Menge M definiert ist, heißt **monoton fallend über M** genau dann, wenn für $x_1, x_2 \in M$ gilt: $x_1 < x_2 \ \Rightarrow \ f(x_1) \geq f(x_2)$.
Gilt sogar $x_1 < x_2 \ \Rightarrow \ f(x_1) > f(x_2)$, so heißt f **streng monoton fallend über M**.

Jede über M streng monotone Funktion hat dort eine **Umkehrfunktion** (▷ Seite 21).

Beschränktheit von Funktionen

Eine Funktion f, die über einer Menge M definiert ist, heißt **nach oben beschränkt über M** genau dann, wenn es eine Zahl S_o (obere Schranke) gibt, sodass für alle $x \in M$ gilt: $f(x) \leq S_o$.

Eine Funktion f, die über einer Menge M definiert ist, heißt **nach unten beschränkt über M** genau dann, wenn es eine Zahl S_u (untere Schranke) gibt, sodass für alle $x \in M$ gilt: $f(x) \geq S_u$.

Eine Funktion f **heißt beschränkt über M**, wenn sie nach oben und nach unten beschränkt ist, wenn es also eine Schranke S gibt, sodass für alle $x \in M$ gilt: $|f(x)| \leq S$.

Ist $M = D(f)$, so sagt man kurz: f ist (nach oben; nach unten) beschränkt.

Symmetrie von Funktionen   (▷ Seite 17)

Verknüpfung von Funktionen

Unter der Funktion $f_1 \pm f_2$ versteht man die Funktion f, bei der für alle $x \in D(f_1) \cap D(f_2)$ gilt: $f(x) = f_1(x) \pm f_2(x)$.

Unter der Funktion $f_1 \cdot f_2$ versteht man die Funktion f, bei der für alle $x \in D(f_1) \cap D(f_2)$ gilt: $f(x) = f_1(x) \cdot f_2(x)$.

Unter der Funktion $f_1 : f_2$ versteht man die Funktion f, bei der für alle $x \in D(f_1) \cap D(f_2)$ gilt: $f(x) = f_1(x) : f_2(x)$ (für $f_2(x) \neq 0$).

Der Grenzwertbegriff für Funktionen

Definition mithilfe von Zahlenfolgen

Wenn für eine Funktion f und **jede** Zahlenfolge $\langle x_n \rangle$ mit $x_n \in D(f)$, $x_n \neq x_0$ und $\lim\limits_{n \to \infty} x_n = x_0$ gilt $\lim\limits_{n \to \infty} f(x_n) = g$, so schreibt man

$\lim\limits_{x \to x_0} f(x) = g$ (gelesen: „limes von $f(x)$ für x gegen x_0 gleich g").

Man nennt die Zahl g den **Grenzwert der Funktion f an der Stelle x_0**.
Man beachte, dass x_0 nicht zu $D(f)$ gehören muss.

Grenzwerte von Funktionen

Linksseitiger (rechtsseitiger) Grenzwert

Beschränkt man sich bei vorstehender Definition auf Zahlenfolgen $\langle x_n \rangle$ mit $x_n < x_0$, so nennt man die Zahl g den „linksseitigen" Grenzwert der Funktion f an der Stelle x_0 und schreibt:
l- $\lim_{x \to x_0} f(x) = g$.

Beschränkt man sich auf Zahlenfolgen $\langle x_n \rangle$ mit $x_n > x_0$, so nennt man die Zahl g den „rechtsseitigen" Grenzwert der Funktion f an der Stelle x_0 und schreibt: r- $\lim_{x \to x_0} f(x) = g$.

Cauchy-Definition

Eine Zahl g heißt **Grenzwert einer Funktion f** an der Stelle x_0 genau dann, wenn es zu jeder Zahl $\varepsilon \in \mathbb{R}_{>0}$ eine Zahl $\delta(\varepsilon) \in \mathbb{R}_{>0}$ gibt, sodass für $x \in D(f)$ gilt:

$0 < |x - x_0| < \delta(\varepsilon) \implies |f(x) - g| < \varepsilon$. Man schreibt: $\lim_{x \to x_0} f(x) = g$.

Grenzwerte für $x \to -\infty$ und $x \to \infty$

Ist für eine Funktion die Wertemenge $W(f)$ linksseitig unbegrenzt, so gilt $\lim_{x \to -\infty} f(x) = g$ genau dann, wenn es zu jeder Zahl $\varepsilon \in \mathbb{R}_{>0}$ eine Zahl $X(\varepsilon) \in \mathbb{R}$ gibt, sodass gilt:
$x < X(\varepsilon) \implies |g - f(x)| < \varepsilon$.

Ist für eine Funktion die Wertemenge rechtsseitig unbegrenzt, so gilt $\lim_{x \to \infty} f(x) = g$ genau dann, wenn es zu jeder Zahl $\varepsilon \in \mathbb{R}_{>0}$ eine Zahl $X(\varepsilon) \in \mathbb{R}$ gibt, sodass gilt:
$x > X(\varepsilon) \implies |g - f(x)| < \varepsilon$.

Grenzwertsätze ($x \to x_0$; $x \to \infty$; $x \to -\infty$)

Ist $\lim f_1(x) = g_1$ und $\lim f_2(x) = g_2$, so gilt
- $\lim [f_1(x) \pm f_2(x)] = g_1 \pm g_2$,
- $\lim [f_1(x) \cdot f_2(x)] = g_1 \cdot g_2$ und
- $\lim \dfrac{f_1(x)}{f_2(x)} = \dfrac{g_1}{g_2}$, falls $g_2 \neq 0$ ist.

Uneigentliche Grenzwerte bei Funktionen

Wenn für jede Folge $\langle x_n \rangle$ mit $x_n \in D(f)$, $x_n \neq x_0$ und $\lim_{n \to \infty} x_n = x_0$ gilt $\lim_{n \to \infty} f(x_n) = \pm \infty$, so schreibt man $\lim_{x \to x_0} f(x) = \pm \infty$, und spricht von einem **uneigentlichen Grenzwert**.

Wenn für jede Folge $\langle x_n \rangle$ mit $x_n \in D(f)$ und $\lim_{n \to \infty} x_n = \infty$ gilt $\lim_{n \to \infty} f(x_n) = \pm \infty$, so schreibt man:
$\lim_{x \to \infty} f(x) = \pm \infty$ (uneigentlicher Grenzwert).

Wenn für jede Folge $\langle x_n \rangle$ mit $x_n \in D(f)$ und $\lim_{n \to \infty} x_n = -\infty$ gilt $\lim_{n \to \infty} f(x_n) = \pm \infty$, so schreibt man:
$\lim_{x \to -\infty} f(x) = \pm \infty$ (uneigentlicher Grenzwert).

Grenzwerte von Funktionen

Der Begriff der Stetigkeit

Stetigkeit an einer Stelle x_0

Eine Funktion f heißt **stetig** an einer Stelle $x_0 \in D(f)$ genau dann, wenn gilt:
$\lim\limits_{x \to x_0} f(x) = f(x_0)$.

Sind zwei Funktionen f_1 und f_2 stetig an einer Stelle x_0, so sind auch die Funktionen $f_1 + f_2$, $f_1 - f_2$, $f_1 \cdot f_2$ stetig an der Stelle x_0. Gilt $f_2(x_0) \neq 0$, so ist auch die Funktion $f_1 : f_2$ stetig an der Stelle x_0.

Stetigkeit über einer Menge M

Eine Funktion f heißt **stetig über einer Menge M** (mit $M \subseteq D(f)$) genau dann, wenn sie für alle $x \in M$ stetig ist.

Sätze zu stetigen Funktionen

■ **Satz von Bolzano (Zwischenwertsatz)**

Ist eine Funktion f stetig über einem abgeschlossenen Intervall $[a;b]$ und gilt $f(a) \neq f(b)$, so gibt es zu jeder Zahl z zwischen $f(a)$ und $f(b)$ wenigstens eine Stelle $x_0 \in \,]a;b[\,$ mit $f(x_0) = z$.

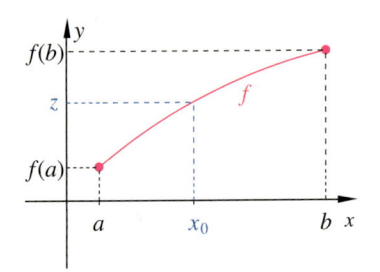

■ **Nullstellensatz**

Ist eine Funktion f stetig über einem abgeschlossenen Intervall $[a;b]$ und gilt $\operatorname{sgn} f(a) \neq \operatorname{sgn} f(b)$, so gibt es wenigstens eine Zahl $x_0 \in \,]a;b[\,$ mit $f(x_0) = 0$.

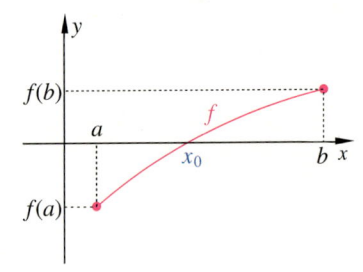

■ **Stetigkeit und Beschränktheit**

Ist eine Funktion f stetig über einem abgeschlossenen Intervall $[a;b]$, so ist sie dort auch beschränkt.

■ **Satz vom Maximum und Minimum**

Ist eine Funktion f stetig über einem abgeschlossenen Intervall $[a;b]$, so gibt es (wenigstens) zwei Zahlen $x_1, x_2 \in [a;b]$, sodass für alle $x \in D(f)$ gilt:
$f(x_1) \geq f(x)$ und $f(x_2) \leq f(x)$.

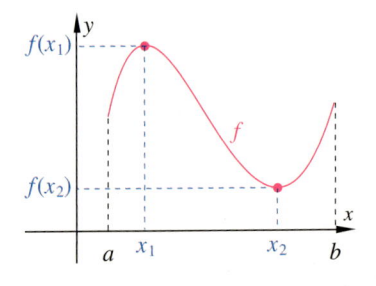

Differentialrechnung

Der Begriff der Ableitung einer Funktion

Mittlere Änderungsrate, Differenzenquotient

Unter der **mittleren Änderungsrate** einer Funktion f zwischen zwei Stellen x_1 und x_2 versteht man den Differenzenquotienten
$$\frac{f(x_2)-f(x_1)}{x_2-x_1}.$$
In einem Kartesischen Koordinatensystem ist die mittlere Änderungsrate gleich der **Steigung** der Verbindungsstrecke zwischen den Punkten $P_1(x_1|f(x_1))$ und $P_2(x_2|f(x_2))$.

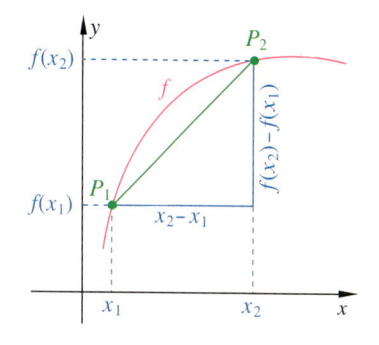

Differenzenquotientenfunktion

Unter der **Differenzenquotientenfunktion** von f zur Stelle $x_0 \in D(f)$ versteht man die Funktion m, die jeder Zahl $x \in D(f)$ (mit $x \neq x_0$) den Differenzenquotienten $\frac{f(x)-f(x_0)}{x-x_0}$ zuordnet, also die Funktion m zu
$$m(x;x_0) = \frac{f(x)-f(x_0)}{x-x_0}.$$

Ableitung an einer Stelle x_0. Differenzierbarkeit

Unter der **Ableitung $f'(x_0)$** einer Funktion f **an einer Stelle x_0** versteht man den Grenzwert der zugehörigen Differenzenquotientenfunktion m, also
$$f'(x_0) = \lim_{x \to x_0} m(x;x_0) = \lim_{x \to x_0} \frac{f(x)-f(x_0)}{x-x_0}.$$
Falls die Ableitung $f'(x_0)$ existiert, heißt die Funktion f **differenzierbar an der Stelle x_0**.

Setzt man $h = x - x_0$, so kann man die Ableitung auch folgendermaßen schreiben:
$$f'(x_0) = \lim_{h \to 0} \frac{f(x_0+h)-f(x_0)}{h}.$$

Der Begriff der Tangente

Den Wert $f'(x_0)$ ordnet man dem Funktionsgraphen von f als **Steigung**[1] im Punkt $P_0(x_0|f(x_0))$ zu.

Unter der **Tangente** an den Funktionsgraphen im Punkt $P_0(x_0|f(x_0))$ versteht man die Gerade, die durch den Punkt $P_0(x_0|f(x_0))$ geht und die Steigung $m = f'(x_0)$ hat.
Die Tangente hat die Gleichung
$$y = f'(x_0)(x-x_0) + f(x_0).$$

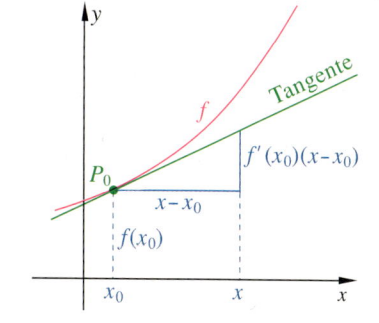

---

[1] Man spricht auch vom **Anstieg** im Punkt $P_0(x_0|f(x_0))$.

Differentialrechnung

Differenzierbarkeit über einer Menge M

Eine Funktion f heißt **differenzierbar über einer Menge M** (mit $M \subseteq D(f)$) genau dann, wenn sie für alle $x \in M$ differenzierbar ist.

Ableitungsfunktionen

Die Funktion f', die einer Zahl $x \in D(f)$ den Ableitungswert $f'(x)$ zuordnet, heißt die **Ableitungsfunktion f' zur Funktion f**. Stets gilt: $D(f') \subseteq D(f)$.

Höhere Ableitungen

Zweite Ableitung: $f'' = (f')'$;   dritte Ableitung: $f''' = (f'')'$;   vierte Ableitung: $f^{(4)} = (f''')'$;
n-te Ableitung: $f^{(n)} = (f^{(n-1)})'$ $(n \in \mathbb{N}^*)$

Wichtige Ableitungsfunktionen

$f(x)$	$f'(x)$
$c \in \mathbb{R}$	0
x	1
x^2	$2x$
$\frac{1}{x}$ $(x \neq 0)$	$-\frac{1}{x^2}$
x^n $(n \in \mathbb{Z})$	$n \cdot x^{n-1}$
$\sqrt{x}$ $(x > 0)$	$\frac{1}{2\sqrt{x}}$
x^r $(r \in \mathbb{R}, x > 0)$	$r \cdot x^{r-1}$
$\sin x$	$\cos x$
$\cos x$	$-\sin x$
$\tan x$	$\frac{1}{\cos^2 x} = 1 + \tan^2 x$

$f(x)$	$f'(x)$
e^x	e^x
a^x $(a > 0, a \neq 1)$	$a^x \cdot \ln a$
$\ln x$ $(x > 0)$	$\frac{1}{x}$
$\log_a x$ $(x > 0, a > 0, a \neq 1)$	$\frac{1}{x \cdot \ln a}$
$\arcsin x$ $(|x| < 1)$	$\frac{1}{\sqrt{1-x^2}}$
$\arccos x$ $(|x| < 1)$	$-\frac{1}{\sqrt{1-x^2}}$
$\arctan x$	$\frac{1}{1+x^2}$

Grundlegende Regeln der Differentialrechnung

Die Funktionen f, u, v seien differenzierbar an der Stelle x.

Faktorregel: $f(x) = c \cdot u(x) \Rightarrow f'(x) = c \cdot u'(x)$ $(c \in \mathbb{R})$

Summenregel: $f(x) = u(x) + v(x) \Rightarrow f'(x) = u'(x) + v'(x)$

Produktregel: $f(x) = u(x) \cdot v(x) \Rightarrow f'(x) = u'(x) \cdot v(x) + u(x) \cdot v'(x)$

Quotientenregel: $f(x) = \dfrac{u(x)}{v(x)} \wedge v(x) \neq 0 \Rightarrow f'(x) = \dfrac{u'(x) \cdot v(x) - u(x) \cdot v'(x)}{[v(x)]^2}$

Sonderfall: $f(x) = \dfrac{1}{v(x)} \wedge v(x) \neq 0 \Rightarrow f'(x) = -\dfrac{v'(x)}{[v(x)]^2}$

Differentialrechnung

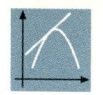

Kettenregel

Ist eine Funktion g differenzierbar an der Stelle x und eine Funktion f differenzierbar an der Stelle z (mit $z = g(x)$), dann ist auch die Funktion k zu $k(x) = f(g(x))$ differenzierbar an der Stelle x, und es gilt: $\boldsymbol{k'(x) = f'(g(x)) \cdot g'(x)}$. Die Ableitung $k'(x)$ ist also das Produkt aus der „äußeren Ableitung" $f'(g(x))$ und der „inneren Ableitung" $g'(x)$.

Ableitung der Umkehrfunktion f^* zur Funktion f

Ist eine Funktion f streng monoton über einem Intervall I und differenzierbar an einer Stelle $x \in I$ mit $f'(x) \neq 0$, so ist auch die zugehörige Umkehrfunktion f^* differenzierbar an der entsprechenden Stelle y (mit $y = f(x)$), und es gilt: $(f^*)'(y) = \dfrac{1}{f'[f^*(y)]}$.

Ersetzt man y durch x (▷ Seite 21), so gilt: $(f^*)'(x) = \dfrac{1}{f'[f^*(x)]}$.

Sätze zu differenzierbaren Funktionen

Differenzierbarkeit und Stetigkeit

Ist eine Funktion f **differenzierbar** an einer Stelle x, so ist sie dort auch **stetig**.

Rationale Funktionen

Jede **rationale** Funktion f ist differenzierbar über $D(f)$.

Satz von Rolle

Ist eine Funktion f stetig über dem Intervall $[a;b]$ und differenzierbar über $]a;b[$ und gilt $f(a) = f(b) = c$ ($c \in \mathbb{R}$), so gibt es (wenigstens) eine Stelle $x_0 \in]a;b[$ mit $f'(x_0) = 0$.

Mittelwertsatz der Differentialrechnung

Ist eine Funktion f stetig über $[a;b]$ und differenzierbar über $]a;b[$, so gibt es (wenigstens) eine Stelle $x_0 \in]a;b[$ mit $f'(x_0) = \dfrac{f(b) - f(a)}{b - a}$.

Lokaler Trennungssatz

Gilt $f'(x_0) > 0$, so gibt es eine Umgebung $U(x_0)$, sodass für alle $x \in U(x_0)$ gilt:
$x < x_0 \Rightarrow f(x) < f(x_0)$ und $x > x_0 \Rightarrow f(x) > f(x_0)$.
Gilt $f'(x_0) < 0$, so gibt es eine Umgebung $U(x_0)$, sodass für alle $x \in U(x_0)$ gilt:
$x < x_0 \Rightarrow f(x) > f(x_0)$ und $x > x_0 \Rightarrow f(x) < f(x_0)$.

Notwendige und hinreichende Bedingung für Monotonie

Eine Funktion f ist über einem Intervall A monoton steigend [fallend] genau dann, wenn für alle $x \in A$ gilt: $f'(x) \geq 0$ [$f'(x) \leq 0$].

Hinreichende Bedingung für Monotonie (Globaler Monotoniesatz)

Gilt $f'(x) > 0$ [$f'(x) < 0$] für alle x aus einem Intervall A, so ist f über A streng monoton steigend [fallend].

Differentialrechnung

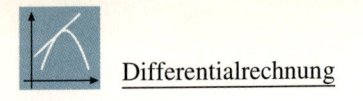

Sätze zur Funktionsdiskussion

Absolute und lokale Extrema

Eine über einer Menge M definierte Funktion f hat an einer Stelle $x_0 \in M$ ein **absolutes Maximum** [**absolutes Minimum**] genau dann, wenn für alle $x \in M$ gilt:
$f(x) \leq f(x_0)$ $[f(x) \geq f(x_0)]$.

Eine Funktion f hat an einer Stelle $x_0 \in D(f)$ ein **lokales Maximum** [**lokales Minimum**] genau dann, wenn es eine Umgebung $U(x_0)$ gibt, sodass für alle $x \in U(x_0)$ gilt:
$f(x) \leq f(x_0)$ $[f(x) \geq f(x_0)]$.

Notwendige Bedingung für lokale Extrema

Hat eine an einer Stelle x_0 differenzierbare Funktion f an dieser Stelle ein lokales Extremum, so gilt $f'(x_0) = 0$.

Hinreichende Bedingungen für ein lokales Maximum

Eine Funktion f hat bei x_0 ein lokales Maximum, wenn eine der folgenden Bedingungen gilt:
- $f'(x_0) = 0$ und Vorzeichenwechsel von $f'(x)$ an der Stelle x_0 von $+$ nach $-$;
- $f'(x_0) = 0 \wedge f''(x_0) < 0$;
- es gibt eine **gerade** Zahl n mit $f'(x_0) = f''(x_0) = \ldots = f^{(n-1)}(x_0) = 0$ und $f^{(n)}(x_0) < 0$.

Hinreichende Bedingungen für ein lokales Minimum

Eine Funktion f hat bei x_0 ein lokales Minimum, wenn eine der folgenden Bedingungen gilt:
- $f'(x_0) = 0$ und Vorzeichenwechsel von $f'(x)$ an der Stelle x_0 von $-$ nach $+$;
- $f'(x_0) = 0 \wedge f''(x_0) > 0$;
- es gibt eine **gerade** Zahl n mit $f'(x_0) = f''(x_0) = \ldots = f^{(n-1)}(x_0) = 0$ und $f^{(n)}(x_0) > 0$.

Links- und Rechtskrümmung eines Funktionsgraphen

Ist eine Funktion f über einem Intervall A zweimal differenzierbar und gilt für alle $x \in A$:
$f''(x) > 0$ $[f''(x) < 0]$, so ist der Graph von f über A linksgekrümmt [rechtsgekrümmt].

Wendestellen

Eine Stelle $x_0 \in D(f)$ heißt **Wendestelle** der Funktion f genau dann, wenn der Graph von f an der Stelle x_0 sein Krümmungsverhalten wechselt.

Notwendige Bedingung für Wendestellen

Ist x_0 eine Wendestelle einer zweimal differenzierbaren Funktion f, so gilt $f''(x_0) = 0$.

Hinreichende Bedingungen für eine Wendestelle

Eine Funktion f hat bei x_0 eine Wendestelle, wenn eine der folgenden Bedingungen gilt:
- Vorzeichenwechsel von $f''(x)$ an der Stelle x_0;
- $f''(x_0) = 0 \wedge f'''(x_0) \neq 0$;
- es gibt eine **ungerade** Zahl n mit $f''(x_0) = f'''(x_0) = \ldots = f^{(n-1)}(x_0) = 0 \wedge f^{(n)}(x_0) \neq 0$.

Differentialrechnung

Unbestimmte Ausdrücke (Regeln von Bernoulli-de L'Hospital)

Die folgenden Sätze gelten unter der Voraussetzung, dass die fraglichen Grenzwerte existieren.

Grenzwerte der Form „$\frac{0}{0}$"

- Gilt für zwei Funktionen f und g: $f(x_0) = g(x_0) = 0$ und $g'(x_0) \neq 0$, so gilt:

$$\lim_{x \to x_0} \frac{f(x)}{g(x)} = \frac{f'(x_0)}{g'(x_0)}.$$

Gilt auch $f'(x_0) = g'(x_0) = 0$ und $g''(x_0) \neq 0$, so kann man die Regel erneut anwenden:

$$\lim_{x \to x_0} \frac{f(x)}{g(x)} = \lim_{x \to x_0} \frac{f'(x)}{g'(x)} = \frac{f''(x_0)}{g''(x_0)}; \quad \text{usw.}$$

- Entsprechend gilt für zwei Funktionen mit $\lim\limits_{x \to \pm\infty} f(x) = \lim\limits_{x \to \pm\infty} g(x) = 0$ und $\lim\limits_{x \to \pm\infty} g'(x) \neq 0$:

$$\lim_{x \to \pm\infty} \frac{f(x)}{g(x)} = \lim_{x \to \pm\infty} \frac{f'(x)}{g'(x)}.$$

Auch diese Regel kann mehrfach angewendet werden.

Grenzwerte der Form „$\frac{\infty}{\infty}$"

Entsprechende Beziehungen gelten auch für Grenzwerte der Form $\lim\limits_{x \to x_0} \frac{f(x)}{g(x)}$ bzw. $\lim\limits_{x \to \pm\infty} \frac{f(x)}{g(x)}$, wenn die Funktionen über alle Schranken wachsen (wenn also gilt: $\lim\limits_{x \to x_0} f(x) = \pm\infty$ und $\lim\limits_{x \to x_0} g(x) = \pm\infty$ bzw. $\lim\limits_{x \to \pm\infty} f(x) = \pm\infty$ und $\lim\limits_{x \to \pm\infty} g(x) = \pm\infty$):

$$\lim_{x \to x_0} \frac{f(x)}{g(x)} = \frac{f'(x_0)}{g'(x_0)} \quad \text{bzw.} \quad \lim_{x \to \pm\infty} \frac{f(x)}{g(x)} = \lim_{x \to \pm\infty} \frac{f'(x)}{g'(x)}.$$

Auch diese Beziehungen können mehrfach angewendet werden.

Weitere Fälle

- **Unbestimmte Ausdrücke der Form „$0 \cdot \infty$"** kann man auf solche der Form „$\frac{0}{0}$" zurückführen durch: $f(x) \cdot g(x) = \dfrac{f(x)}{\frac{1}{g(x)}}$.

- **Unbestimmte Ausdrücke der Form „0^0" oder „∞^0"** kann man durch Logarithmieren auf solche der Form „$0 \cdot \infty$" zurückführen gemäß: $\ln[f(x)^{g(x)}] = g(x) \cdot \ln f(x)$.

Differentialrechnung

Näherungslösungen von Gleichungen der Form $f(x) = 0$

Das Verfahren der Intervallhalbierung (Bisektion)

Das Verfahren ergibt sich im Zusammenhang mit dem Nullstellensatz (▷ S. 42).

Für zwei Zahlen a und b mit $a < b$ gelte $\operatorname{sgn} f(a) \neq \operatorname{sgn} f(b)$, also $f(a) \cdot f(b) < 0$.
Dann erhält man eine Folge $\langle x_n \rangle$ ($n \in \mathbb{N}^*$) von Näherungslösungen der Gleichung $f(x) = 0$ durch fortgesetzte Intervallhalbierung (Bisektion):

Erster Näherungswert: $x_1 = \dfrac{a+b}{2}$.

Ist $f(x_1) = 0$, so ist eine Lösung gefunden, andernfalls gilt entweder $f(x_1) \cdot f(a) < 0$ oder $f(x_1) \cdot f(b) < 0$. Im ersten Fall setzt man $b = x_1$; im zweiten Fall setzt man $a = x_1$. Der jeweils andere Wert (also a bzw. b) wird beibehalten und man berechnet x_2 wiederum als Mittelwert:

Zweiter Näherungswert: $x_2 = \dfrac{a+b}{2}$.

Das Verfahren wird solange fortgesetzt, bis die Differenz aufeinander folgender Näherungswerte hinreichend klein ist.

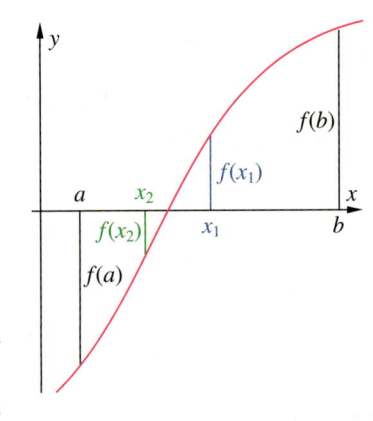

Die „regula falsi"

x_1 und x_2 seien zwei Näherungslösungen der Gleichung $f(x) = 0$ mit $\operatorname{sgn} f(x_1) \neq \operatorname{sgn} f(x_2)$ (also $f(x_1) \cdot f(x_2) < 0$).
Iterationsformel ($n = 2, 3, 4, \ldots$):

$$x_{n+1} = x_n - \frac{x_n - x_{n-1}}{f(x_n) - f(x_{n-1})} \cdot f(x_n) \quad \text{oder}$$

$$x_{n+1} = \frac{x_{n-1} \cdot f(x_n) - x_n \cdot f(x_{n-1})}{f(x_n) - f(x_{n-1})}$$

jeweils mit $\operatorname{sgn} f(x_n) \neq \operatorname{sgn} f(x_{n-1})$.

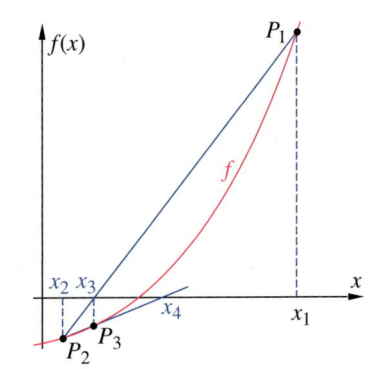

Newton-Verfahren

x_1 sei eine Näherungslösung der Gleichung $f(x) = 0$ mit $f'(x_1) \neq 0$ und $\operatorname{sgn} f(x_1) = \operatorname{sgn} f''(x_1)$ (also $f(x_1) \cdot f''(x_1) > 0$).
Iterationsformel ($n = 1, 2, 3, \ldots$):

$$x_{n+1} = x_n - \frac{f(x_n)}{f'(x_n)}; \quad f'(x_n) \neq 0$$

Konvergenzbedingung: $|f(x) \cdot f''(x)| < [f'(x)]^2$ für alle x, die in einer Umgebung einer Nullstelle von f liegen.

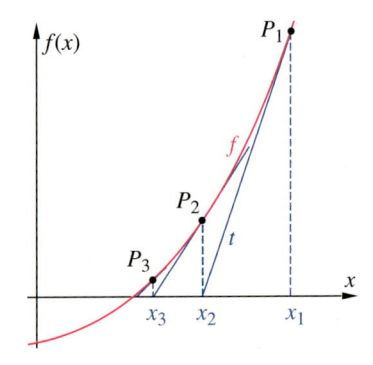

Integralrechnung

Stammfunktionen

Definition

Eine Funktion F heißt eine **Stammfunktion der Funktion** f genau dann, wenn für alle $x \in D(f)$ gilt: $F'(x) = f(x)$.

Sätze über Stammfunktionen

■ Wenn F_1 eine Stammfunktion von f ist und für alle $x \in D(f)$ gilt $F_2(x) = F_1(x) + c$ (mit einer Zahl $c \in \mathbb{R}$), dann ist auch F_2 eine Stammfunktion von f.

■ Sind zwei Funktionen F_1 und F_2 Stammfunktionen einer Funktion f über einer zusammenhängenden Menge $A \subseteq D(f)$, so gibt es eine Zahl $c \in \mathbb{R}$, sodass für alle $x \in A$ gilt: $F_2(x) = F_1(x) + c$.

Wichtige Stammfunktionen

$f(x)$	$F(x)$
$c \in \mathbb{R}$	$c \cdot x$
$x^r \quad (r \neq -1)$	$\dfrac{x^{r+1}}{r+1}$
$\dfrac{1}{x} \quad (x \neq 0)$	$\ln \|x\|$
e^x	e^x
$a^x \quad (a > 0, a \neq 1)$	$\dfrac{a^x}{\ln a}$
$\ln x \quad (x > 0)$	$x \cdot \ln x - x$
$\log_a x \quad (a > 0, a \neq 1, x > 0)$	$\dfrac{1}{\ln a}(x \cdot \ln x - x)$
$\dfrac{1}{(x-a)(x-b)} \quad (a \neq b)$	$\dfrac{1}{a-b} \ln \left\|\dfrac{x-a}{x-b}\right\|$
$\dfrac{1}{x^2 - a^2} \quad (\|x\| > \|a\| > 0)$	$\dfrac{1}{2a} \ln \left\|\dfrac{x-a}{x+a}\right\|$
$\dfrac{1}{x^2 + a^2}$	$\dfrac{1}{a} \operatorname{arc\,tan} \dfrac{x}{a}$
$\dfrac{1}{\sqrt{x^2 - a^2}} \quad (\|x\| > \|a\|)$	$\ln \|x + \sqrt{x^2 - a^2}\|$
$\dfrac{1}{\sqrt{a^2 - x^2}} \quad (\|x\| < \|a\|)$	$\operatorname{arc\,sin} \dfrac{x}{a}$

$f(x)$	$F(x)$
$\sin x$	$-\cos x$
$\cos x$	$\sin x$
$\tan x$	$-\ln \|\cos x\|$
$\sin^2 x$	$\frac{1}{2}(x - \sin x \cdot \cos x)$
$\cos^2 x$	$\frac{1}{2}(x + \sin x \cdot \cos x)$
$\tan^2 x$	$\tan x - x$
$\dfrac{1}{\sin x}$	$\ln \left\|\tan \dfrac{x}{2}\right\|$
$\dfrac{1}{\cos x}$	$\ln \left\|\tan \left(\dfrac{x}{2} + \dfrac{\pi}{4}\right)\right\|$
$\dfrac{1}{\tan x}$	$\ln \|\sin x\|$
$\dfrac{1}{\sin^2 x}$	$-\dfrac{1}{\tan x}$
$\dfrac{1}{\cos^2 x}$	$\tan x$
$\dfrac{1}{\tan^2 x}$	$-\dfrac{1}{\tan x} - x$
$\operatorname{arc\,sin} x$	$x \cdot \operatorname{arc\,sin} x + \sqrt{1 - x^2}$
$\operatorname{arc\,cos} x$	$x \cdot \operatorname{arc\,cos} x - \sqrt{1 - x^2}$
$\operatorname{arc\,tan} x$	$x \cdot \operatorname{arc\,tan} x - \frac{1}{2} \ln(1 + x^2)$

Integralrechnung

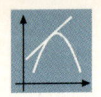

Zum Begriff des bestimmten Integrals

Riemann-Integral

Der Begriff des **bestimmten Integrals** einer Funktion f über einem Intervall $[a;b]$, bezeichnet durch $\int_a^b f(x)\,dx$ oder kurz $\int_a^b f$, kann als Grenzwert von Näherungssummen (z. B. als sogenanntes „Riemann-Integral") definiert werden.

Existiert das Integral, so nennt man die Funktion f **integrierbar über [a; b]**.

Hauptsatz der Infinitesimalrechnung

Ist eine Funktion f stetig über einem Intervall $[a;b]$, dann gilt für alle $x \in [a;b]$:

- $\left(\int_a^x f\right)' = f$, d. h., die Integralfunktion Φ zu $\Phi(x) = \int_a^x f$ ist eine Stammfunktion von f.
- Die Funktion f ist integrierbar über $[a,b]$.
- Für jede Stammfunktion F von f gilt: $\int_a^b f = F(b) - F(a)$.

Man schreibt auch $\int_a^b f = F(x)\big|_a^b$, gelesen „... F von x zwischen den Grenzen a und b".

Stammfunktionsintegral

Der Begriff des **bestimmten Integrals** kann aber auch mithilfe der im Hauptsatz aufgeführten Sachverhalte definiert werden:

Ist eine Funktion F eine Stammfunktion einer Funktion f und gilt $[a;b] \subseteq D(f)$, dann heißt die Zahl $F(b) - F(a)$ das **bestimmte Integral der Funktion f über [a; b]**.

Man schreibt: $\int_a^b f(x)\,dx = \int_a^b f = F(b) - F(a)$ (Stammfunktionsintegral).

Die Funktion f heißt dann **integrierbar über [a, b]**.

Nach Definition gilt: $\int_a^b f = -\int_b^a f$; daraus folgt: $\int_a^a f = 0$.

Sätze zum Integralbegriff

- $\int_a^c f = \int_a^b f + \int_b^c f \qquad \int_a^c f = \int_a^b f - \int_c^b f \qquad \int_b^c f = \int_a^c f - \int_a^b f \qquad (a < b < c)$

- $\int_a^b c \cdot f = c \cdot \int_a^b f$

- $\int_a^b (f_1 \pm f_2) = \int_a^b f_1 \pm \int_a^b f_2$

- $\int_a^b u' \cdot v = u(x) \cdot v(x)\big|_a^b - \int_a^b u \cdot v' \qquad$ (Produktintegration; partielle Integration)

Integralrechnung

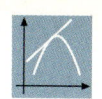

Substitutionsregel der Integralrechnung

Ist g eine über $[a;b]$ streng monotone, differenzierbare Funktion, die das Intervall $[a;b]$ auf das Intervall $[p;q]$ abbildet, und ist f über $[p;q]$ integrierbar, so gilt:

$$(1)\ \int_a^b f(g(x)) \cdot g'(x)\,dx = \int_{g(a)}^{g(b)} f(z)\,dz \quad \text{und} \quad (2)\ \int_p^q f(x)\,dx = \int_{g^*(p)}^{g^*(q)} f(g(z)) \cdot g'(z)\,dz.$$

Welche der beiden Regeln – (1) oder (2) – zweckmäßiger ist, hängt vom Integranden ab.

Sonderfall: $\int_a^b \dfrac{f'(x)}{f(x)}\,dx = \big[\ln|f(x)|\big]_a^b$, falls $z = f(x) \neq 0$ ist für alle $x \in [a;b]$

Mittelwertsatz der Integralrechnung

Ist eine Funktion f stetig über $[a;b]$, so gibt es eine Zahl $c \in [a;b]$ mit $\int_a^b f(x)\,dx = (b-a)f(c)$.

Flächenmessung

■ Gilt $f(x) \geq 0$ für alle $x \in [a;b]$, so ist $A = \int_a^b f(x)\,dx$.

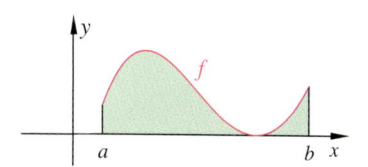

■ Gilt $f(x) \leq 0$ für alle $x \in [a;b]$, so ist $A = \left|\int_a^b f(x)\,dx\right|$.

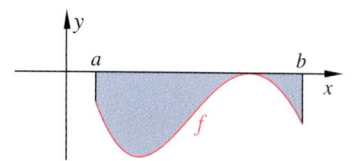

■ Bei **Vorzeichenwechsel** von f im Intervall $[a;b]$ ist das Intervall in Teile zu zerlegen.

Beispiel: $A = \int_a^{x_1} f(x)\,dx + \left|\int_{x_1}^{x_2} f(x)\,dx\right| + \int_{x_2}^b f(x)\,dx$ (▷ Bild)

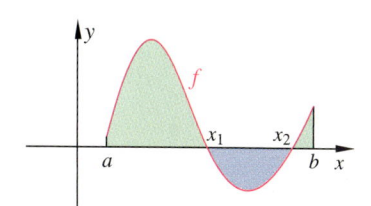

■ **Fläche zwischen zwei Funktionsgraphen**

Wenn für alle $x \in [a;b]$ gilt $f_1(x) \geq f_2(x)$ oder $f_2(x) \geq f_1(x)$, dann ist

$A = \left|\int_a^b [f_1(x) - f_2(x)]\,dx\right|$.

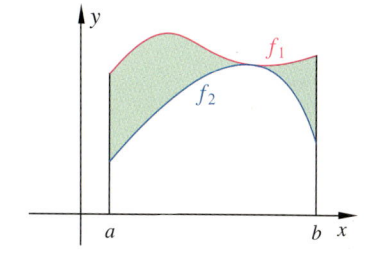

Integralrechnung

Bogenlänge

Länge eines Funktionsgraphen zwischen zwei Punkten $P(a|f(a))$ und $Q(b|f(b))$:

$$L(\widetilde{PQ}) = \int_a^b \sqrt{1 + [f'(x)]^2}\,dx$$

Volumen und Mantelflächeninhalt von Rotationskörpern

Der Graph einer Funktion f werde um die x-Achse gedreht.

Volumen: $$V = \pi \int_a^b [f(x)]^2\,dx$$

Mantelflächeninhalt: $$M = 2\pi \int_a^b f(x) \cdot \sqrt{1 + [f'(x)]^2}\,dx$$

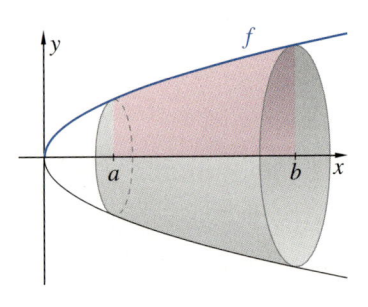

Numerische Integration

Trapez-Regel

$$\int_a^b f(x)\,dx \approx \frac{b-a}{2}[f(a) + f(b)]$$

Verallgemeinerte Trapez-Regel

Das Intervall $[a;b]$ wird in n Teilintervalle der Länge $h = \frac{b-a}{n}$ unterteilt:
$x_0 = a;\ x_1 = a+h;\ x_2 = a+2h;\ \ldots;\ x_{n-1} = a+(n-1)h;\ x_n = b.$
Dann gilt:

$$\int_a^b f(x)\,dx \approx \frac{b-a}{2n}[f(a) + 2f(x_1) + 2f(x_2) + \cdots + 2f(x_{n-1}) + f(b)].$$

Kepler'sche Fassregel

$$\int_a^b f(x)\,dx \approx \frac{b-a}{6}\left[f(a) + 4f\left(\frac{a+b}{2}\right) + f(b)\right]$$

Simpson'sche Regel (Verallgemeinerte Kepler'sche Fassregel)

Das Intervall $[a;b]$ wird in $2n$ Teilintervalle der Länge $h = \frac{b-a}{2n}$ unterteilt:
$x_0 = a;\ x_1 = a+h;\ x_2 = a+2h;\ \ldots;\ x_{2n-1} = a+(2n-1)h;\ x_{2n} = b.$
Dann gilt:

$$\int_a^b f(x)\,dx \approx \frac{b-a}{6n}[f(a) + 4f(x_1) + 2f(x_2) + 4f(x_3) + 2f(x_4) + \cdots + 4f(x_{2n-1}) + f(b)].$$

Integralrechnung

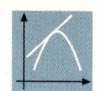

Potenzreihen

Satz von Taylor

Ist eine Funktion f wenigstens $(n+1)$-mal stetig differenzierbar im Intervall $[x_0;x]$, so gilt:
$$f(x) = f(x_0) + \frac{f'(x_0)}{1!}(x-x_0) + \frac{f''(x_0)}{2!}(x-x_0)^2 + \cdots + \frac{f^{(n)}(x_0)}{n!}(x-x_0)^n + R_n(x)$$
mit dem **Restglied** $R_n(x) = \frac{1}{n!} \int_{x_0}^{x} f^{(n+1)}(t) \cdot (x-t)^n \, dt$.

■ **Restglieddarstellung nach Lagrange:**
$R_n(x) = \frac{1}{(n+1)!} f^{(n+1)}(x_0 + \theta \cdot (x-x_0))(x-x_0)^{n+1}$ mit $0 < \theta < 1$

■ **Restglieddarstellung nach Cauchy:**
$R_n(x) = \frac{1}{n!} f^{(n+1)}(x_0 + \theta \cdot (x-x_0))(1-\theta)^n (x-x_0)^{n+1}$ mit $0 < \theta < 1$

Taylor-Reihe

Ist eine Funktion f in einem Intervall $[x_0;x]$ beliebig oft differenzierbar und gilt für das Restglied $\lim_{n \to \infty} R_n(x) = 0$, so gilt:
$$f(x) = \sum_{k=0}^{\infty} \frac{f^{(k)}(x_0)}{k!}(x-x_0)^k.$$

Bemerkung: Im Sonderfall $x_0 = 0$ spricht man auch von einer **Mac Laurin-Reihe**.

Spezielle Taylor-Reihen und ihre Konvergenzbedingung

$\frac{1}{1+x}$	$= 1 - x + x^2 - x^3 \pm \cdots,$	$\|x\| < 1$
$(1+x)^n$	$= 1 + \binom{n}{1}x + \binom{n}{2}x^2 + \binom{n}{3}x^3 + \cdots, \; n \in \mathbb{N}^*,$	$\|x\| < 1$
$\sqrt{1+x}$	$= +\frac{1}{2}x - \frac{1}{2 \cdot 4}x^2 \pm \cdots + (-1)^{n-1} \cdot \frac{1 \cdot 3 \cdot \ldots \cdot (2n-3)}{2 \cdot 4 \cdot \ldots \cdot 2n} x^n \pm \cdots$	$\|x\| < 1$
$\frac{1}{\sqrt{1+x}}$	$= 1 - \frac{1}{2}x + \frac{1 \cdot 3}{2 \cdot 4}x^2 \mp \cdots + (-1)^n \cdot \frac{1 \cdot 3 \cdot \ldots \cdot (2n-1)}{2 \cdot 4 \cdot \ldots \cdot 2n} x^n \pm \cdots$	$\|x\| < 1$
$(1+x)^r$	$= 1 + \binom{r}{1}x + \binom{r}{2}x^2 + \cdots$ mit $\binom{r}{k} = \frac{r(r-1)\cdots(r-k+1)}{k!}, \; r \neq 0$	$\|x\| < 1$
$\ln(1+x)$	$= x - \frac{x^2}{2} + \frac{x^3}{3} - \frac{x^4}{4} \pm \cdots$	$-1 < x \leq 1$
$\ln x$	$= 2 \cdot \left[\frac{x-1}{x+1} + \frac{1}{3}\left(\frac{x-1}{x+1}\right)^3 + \frac{1}{5}\left(\frac{x-1}{x+1}\right)^5 + \cdots \right]$	$x \in \mathbb{R}_{>0}$
e^x	$= 1 + x + \frac{x^2}{2!} + \frac{x^3}{3!} + \frac{x^4}{4!} + \cdots$	$x \in \mathbb{R}$
a^x	$= 1 + x \cdot \ln a + \frac{(x \cdot \ln a)^2}{2!} + \frac{(x \cdot \ln a)^3}{3!} + \frac{(x \cdot \ln a)^4}{4!} + \cdots, \; a > 0$	$x \in \mathbb{R}$
$\sin x$	$= x - \frac{x^3}{3!} + \frac{x^5}{5!} - \frac{x^7}{7!} + \cdots$	$x \in \mathbb{R}$
$\cos x$	$= 1 - \frac{x^2}{2!} + \frac{x^4}{4!} - \frac{x^6}{6!} + \cdots$	$x \in \mathbb{R}$
$\tan x$	$= x + \frac{1}{3}x^3 + \frac{2}{3 \cdot 5}x^5 + \frac{17}{3^2 \cdot 5 \cdot 7}x^7 + \frac{62}{3^2 \cdot 5 \cdot 7 \cdot 9}x^9 + \cdots$	$\|x\| < \frac{\pi}{2}$
$\arcsin x$	$= x + \frac{1}{2}\frac{x^3}{3} + \frac{1 \cdot 3}{2 \cdot 4}\frac{x^5}{5} + \frac{1 \cdot 3 \cdot 5}{2 \cdot 4 \cdot 6}\frac{x^7}{7} + \cdots$	$\|x\| \leq 1$
$\arctan x$	$= x - \frac{x^3}{3} + \frac{x^5}{5} - \frac{x^7}{7} + \cdots$	$\|x\| \leq 1$

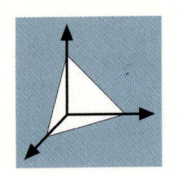

Analytische Geometrie und lineare Algebra

Ebene Geometrie im Kartesischen Koordinatensystem

Strecken zwischen den Punkten $P_1(x_1|y_1)$ und $P_2(x_2|y_2)$

Steigung: $m = \dfrac{y_2 - y_1}{x_2 - x_1} = \tan\varphi$

Länge: $|\overline{P_1P_2}| = \sqrt{(x_2 - x_1)^2 + (y_2 - y_1)^2}$

Mittelpunkt: $M\left(\dfrac{x_1 + x_2}{2} \middle| \dfrac{y_1 + y_2}{2}\right)$

Teilpunkt: Wenn $|\overline{P_1T}| = k \cdot |\overline{TP_2}|$, dann $T\left(\dfrac{x_1 + kx_2}{1 + k} \middle| \dfrac{y_1 + ky_2}{1 + k}\right)$.

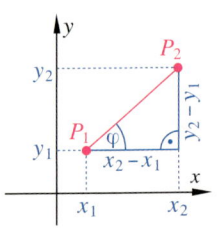

Dreieck mit den Eckpunkten $P_1(x_1|y_1)$, $P_2(x_2|y_2)$, $P_3(x_3|y_3)$

Flächenmaßzahl: $A = \tfrac{1}{2}\left[x_1(y_2 - y_3) + x_2(y_3 - y_1) + x_3(y_1 - y_2)\right]$

Schwerpunkt: $S\left(\dfrac{x_1 + x_2 + x_3}{3} \middle| \dfrac{y_1 + y_2 + y_3}{3}\right)$

Geradengleichungen

Zwei-Punkte-Form: $y - y_1 = \dfrac{y_2 - y_1}{x_2 - x_1} \cdot (x - x_1)$

Punkt-Steigungs-Form: $y - y_1 = m \cdot (x - x_1)$

Normalform: $y = mx + b$

Achsenabschnittsform: $\dfrac{x}{a} + \dfrac{y}{b} = 1$

Hesse-Form: $x \cdot \cos\alpha + y \cdot \sin\alpha = p$

Allgemeine Form: $Ax + By = C$

Sonderfälle:
- $A = 0; B \neq 0 : By = C \Leftrightarrow y = \tfrac{C}{B}$ (Parallele zur x-Achse)
- $A \neq 0; B = 0 : Ay = C \Leftrightarrow y = \tfrac{C}{A}$ (Parallele zur y-Achse)

Umformung in die Hesse-Form: $\dfrac{Ax + By}{\sqrt{A^2 + B^2}} = \dfrac{C}{\sqrt{A^2 + B^2}} = p$, falls $C \geq 0$;

$\dfrac{-Ax - By}{\sqrt{A^2 + B^2}} = \dfrac{-C}{\sqrt{A^2 + B^2}} = p$, falls $C < 0$.

Abstand eines Punktes $P_0(x_0|y_0)$ von der Geraden: $d = \left|\dfrac{Ax_0 + By_0 - C}{\sqrt{A^2 + B^2}}\right|$

Ebene Geometrie im Kartesischen Koordinatensystem

Gegenseitige Lage von zwei Geraden g_1, g_2

Parallelität: $\quad m_1 = m_2$ (Normalform) $\quad A_1B_2 = A_2B_1$ (Allgemeine Form)

Parallelenabstand: Abstand eines Punktes der einen Geraden von der anderen Geraden

Orthogonalität: $\quad m_1 \cdot m_2 = -1 \quad$ (bei nicht achsenparallelen Geraden)

Schnittwinkel: $\quad \tan\varphi = \dfrac{m_2 - m_1}{1 + m_1 m_2}$

Winkelhalbierende: $x \cdot (\cos\alpha_1 \pm \cos\alpha_2) + y \cdot (\sin\alpha_1 \pm \sin\alpha_2) = p_1 \pm p$

Kreis mit dem Radius r

■ Mittelpunkt $M(0|0)$

$x^2 + y^2 = r^2$

Tangente t in $P_1(x_1|y_1)$ bzw. Polare g zu $P_1(x_1|y_1)$:

$xx_1 + yy_1 = r^2$

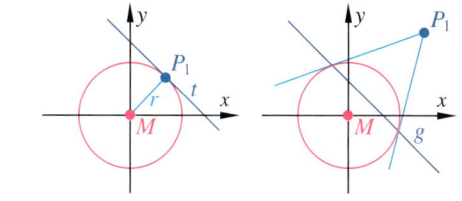

■ Mittelpunkt $M(x_M|y_M)$

$(x - x_M)^2 + (y - y_M)^2 = r^2$

Tangente t in $P_1(x_1|y_1)$ bzw. Polare g zu $P_1(x_1|y_1)$:

$(x - x_M)(x_1 - x_M) + (y - y_M)(y_1 - y_M) = r^2$

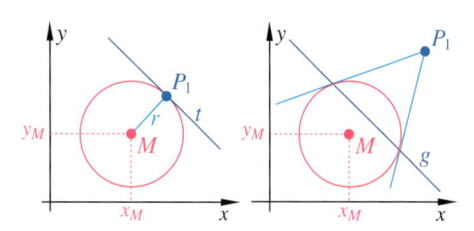

Ellipse mit den Halbachsen a und b

■ Mittelpunkt $M(0|0)$

$\left(\dfrac{x}{a}\right)^2 + \left(\dfrac{y}{b}\right)^2 = 1$

Tangente t in $P_1(x_1|y_1)$ bzw. Polare g zu $P_1(x_1|y_1)$:

$\dfrac{xx_1}{a^2} + \dfrac{yy_1}{b^2} = 1$

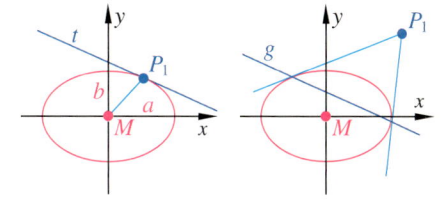

■ Mittelpunkt $M(x_M|y_M)$

$\left(\dfrac{x - x_M}{a}\right)^2 + \left(\dfrac{y - y_M}{b}\right)^2 = 1$

Tangente t in $P_1(x_1|y_1)$ bzw. Polare g zu $P_1(x_1|y_1)$:

$\dfrac{(x - x_M)(x_1 - x_M)}{a^2} + \dfrac{(y - y_M)(y_1 - y_M)}{b^2} = 1$

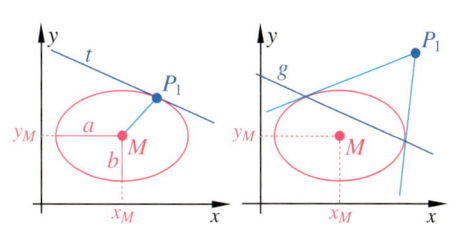

Hyperbel mit den Halbachsen a und b

■ **Mittelpunkt $M(0|0)$**

$$\left(\frac{x}{a}\right)^2 - \left(\frac{y}{b}\right)^2 = 1$$

Tangente t in $P_1(x_1|y_1)$ bzw. Polare g zu $P_1(x_1|y_1)$:

$$\frac{xx_1}{a^2} - \frac{yy_1}{b^2} = 1$$

■ **Mittelpunkt $M(x_M|y_M)$**

$$\left(\frac{x-x_M}{a}\right)^2 - \left(\frac{y-y_M}{b}\right)^2 = 1$$

Tangente t in $P_1(x_1|y_1)$ bzw. Polare g zu $P_1(x_1|y_1)$:

$$\frac{(x-x_M)(x_1-x_M)}{a^2} - \frac{(y-y_M)(y_1-y_M)}{b^2} = 1$$

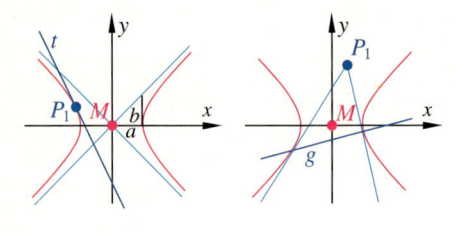

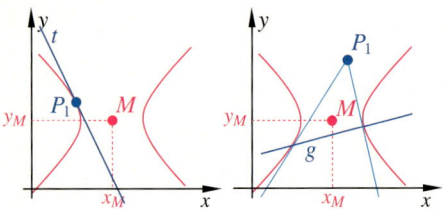

Parabel mit dem Parameter p

■ **Scheitelpunkt $S(0|0)$**

$$y^2 = 2px$$

Tangente t in $P_1(x_1|y_1)$ bzw. Polare g zu $P_1(x_1|y_1)$:

$$yy_1 = p(x+x_1)$$

■ **Scheitelpunkt $S(x_S|y_S)$**

$$(y-y_S)^2 = 2p(x-x_S)$$

Tangente t in $P_1(x_1|y_1)$ bzw. Polare g zu $P_1(x_1|y_1)$:

$$(y-y_S)(y_1-y_S) = p(x+x_1-2x_S)$$

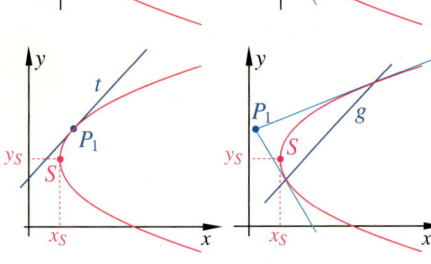

Vektorrechnung

Zum Begriff des Vektors

Geometrische Vektoren

Unter einem **geometrischen Vektor** $\vec{a}$ versteht man die Klasse aller Pfeile $\overrightarrow{PQ}$, die gleichlang, parallel und gleichorientiert sind.

Ein Pfeil $\overrightarrow{PQ}$ der Klasse ist ein **Repräsentant** (Vertreter) des Vektors $\vec{a}$.

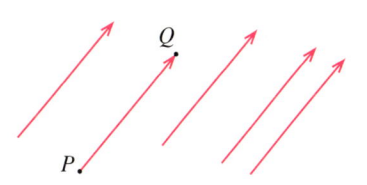

Arithmetische Vektoren

- in der Ebene: $\vec{a} = \begin{pmatrix} a_1 \\ a_2 \end{pmatrix}$ (Zahlenpaare; $a_i \in \mathbb{R}$)

- im Raum: $\vec{a} = \begin{pmatrix} a_1 \\ a_2 \\ a_3 \end{pmatrix}$ (Zahlentripel; $a_i \in \mathbb{R}$)

- allgemein: $\vec{a} = \begin{pmatrix} a_1 \\ a_2 \\ \vdots \\ a_n \end{pmatrix}$ (Zahlen-n-Tupel; $a_i \in \mathbb{R}$)

Man nennt die Zahlen a_i die **Koordinaten des Vektors**.
Die Menge aller Vektoren mit n Koordinaten wird bezeichnet mit V_n.

Zusammenhang zwischen geometrischen und arithmetischen Vektoren

- in der Ebene: $\overrightarrow{P_1 P_2}$ mit $P_1(x_1|y_1)$, $P_2(x_2|y_2)$; $\vec{a} = \begin{pmatrix} a_1 \\ a_2 \end{pmatrix} = \begin{pmatrix} x_2 - x_1 \\ y_2 - y_1 \end{pmatrix}$

- im Raum: $\overrightarrow{P_1 P_2}$ mit $P_1(x_1|y_1|z_1)$, $P_2(x_2|y_2|z_2)$; $\vec{a} = \begin{pmatrix} a_1 \\ a_2 \\ a_3 \end{pmatrix} = \begin{pmatrix} x_2 - x_1 \\ y_2 - y_1 \\ z_2 - z_1 \end{pmatrix}$

Betrag (Länge) eines Vektors

$|\vec{a}| = a = |\overrightarrow{P_1 P_2}|$

- in der Ebene: $|\vec{a}| = \sqrt{a_1^2 + a_2^2}$
- im Raum: $|\vec{a}| = \sqrt{a_1^2 + a_2^2 + a_3^2}$

Gegenvektor $-\vec{a}$ zu $\vec{a}$

- geometrisch: Wenn $\overrightarrow{P_1 P_2}$ Repräsentant von $\vec{a}$ ist, dann ist $\overrightarrow{P_2 P_1}$ Repräsentant von $-\vec{a}$.
- arithmetisch: $\vec{a} = \begin{pmatrix} a_1 \\ a_2 \end{pmatrix}$, dann $-\vec{a} = \begin{pmatrix} -a_1 \\ -a_2 \end{pmatrix}$; $\vec{a} = \begin{pmatrix} a_1 \\ a_2 \\ a_3 \end{pmatrix}$; dann $-\vec{a} = \begin{pmatrix} -a_1 \\ -a_2 \\ -a_3 \end{pmatrix}$

Vektorrechnung

Addition von Vektoren

Definition

Aneinanderlegen von Repräsentanten $\vec{a}$ und $\vec{b}$ ergibt: $\vec{c} = \vec{a} + \vec{b}$.

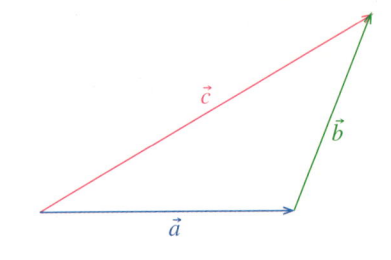

Koordinatendarstellung

- in der Ebene: $\vec{a} + \vec{b} = \begin{pmatrix} a_1 \\ a_2 \end{pmatrix} + \begin{pmatrix} b_1 \\ b_2 \end{pmatrix} = \begin{pmatrix} a_1 + b_1 \\ a_2 + b_2 \end{pmatrix}$

- im Raum: $\vec{a} + \vec{b} = \begin{pmatrix} a_1 \\ a_2 \\ a_3 \end{pmatrix} + \begin{pmatrix} b_1 \\ b_2 \\ b_3 \end{pmatrix} = \begin{pmatrix} a_1 + b_1 \\ a_2 + b_2 \\ a_3 + b_3 \end{pmatrix}$

Subtraktion: $\vec{a} - \vec{b} = \vec{a} + (-\vec{b})$

- in der Ebene: $\vec{a} - \vec{b} = \begin{pmatrix} a_1 \\ a_2 \end{pmatrix} - \begin{pmatrix} b_1 \\ b_2 \end{pmatrix} = \begin{pmatrix} a_1 - b_1 \\ a_2 - b_2 \end{pmatrix}$

- im Raum: $\vec{a} - \vec{b} = \begin{pmatrix} a_1 \\ a_2 \\ a_3 \end{pmatrix} - \begin{pmatrix} b_1 \\ b_2 \\ b_3 \end{pmatrix} = \begin{pmatrix} a_1 - b_1 \\ a_2 - b_2 \\ a_3 - b_3 \end{pmatrix}$

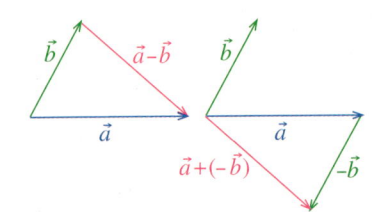

Gesetze der Vektoraddition

Kommutativgesetz:	$\vec{a} + \vec{b} = \vec{b} + \vec{a}$	(für alle $\vec{a}, \vec{b} \in V_n$)
Assoziativgesetz:	$(\vec{a} + \vec{b}) + \vec{c} = \vec{a} + (\vec{b} + \vec{c})$	(für alle $\vec{a}, \vec{b}, \vec{c} \in V_n$)
Neutrales Element:	$\vec{a} + \vec{0} = \vec{0} + \vec{a} = \vec{a}$	(für alle $\vec{a} \in V_n$)
Inverses Element:	$\vec{a} + (-\vec{a}) = (-\vec{a}) + \vec{a} = \vec{0}$	(für alle $\vec{a} \in V_n$)

Die Menge V_n der Vektoren bildet mit der Vektoraddition als Verknüpfung eine **kommutative Gruppe** ($\triangleright$ Seite 14).

S-Multiplikation (Vielfaches eines Vektors)

Definition

- in der Ebene: $r\vec{a} = r \begin{pmatrix} a_1 \\ a_2 \end{pmatrix} = \begin{pmatrix} ra_1 \\ ra_2 \end{pmatrix}$ (für alle $r, a_i \in \mathbb{R}$)

- im Raum: $r\vec{a} = r \begin{pmatrix} a_1 \\ a_2 \\ a_3 \end{pmatrix} = \begin{pmatrix} ra_1 \\ ra_2 \\ ra_3 \end{pmatrix}$ (für alle $r, a_i \in \mathbb{R}$)

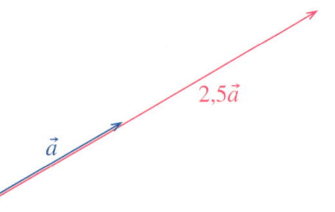

Sätze

- $r(-\vec{a}) = -(r\vec{a}) = (-r)\vec{a}$
- $r\vec{a} = \vec{0} \Leftrightarrow r = 0 \vee \vec{a} = \vec{0}$
- $|r\vec{a}| = |r| |\vec{a}|$
- $r\vec{a} \parallel \vec{a}$
- $r\vec{a} \uparrow\uparrow \vec{a}$ für $r > 0$; $r\vec{a} \uparrow\downarrow \vec{a}$ für $r < 0$

Vektorrechnung

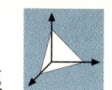

Gesetze der S-Multiplikation

Assoziativgesetz: $\quad r(s\vec{a}) = (rs)\vec{a}\quad$ (für alle $r, s \in \mathbb{R}, \vec{a} \in V_n$)
Erstes Distributivgesetz: $\quad (r+s)\vec{a} = r\vec{a} + s\vec{a}\quad$ (für alle $r, s \in \mathbb{R}, \vec{a} \in V_n$)
Zweites Distributivgesetz: $\quad r(\vec{a}+\vec{b}) = r\vec{a} + r\vec{b}\quad$ (für alle $r \in \mathbb{R}, \vec{a}, \vec{b} \in V_n$)

Zum Begriff der linearen Abhängigkeit

Kollinearität von zwei Vektoren

Zwei Vektoren $\vec{a}_1, \vec{a}_2$ sind **kollinear** genau dann, wenn es zwei Zahlen c_1, c_2 mit $(c_1|c_2) \neq (0|0)$ gibt, sodass gilt:

$c_1\vec{a}_1 + c_2\vec{a}_2 = \vec{0}$.

Ist $c_2 \neq 0$, so folgt daraus: $\quad \vec{a}_2 = -\dfrac{c_1}{c_2}\vec{a}_1$.

Komplanarität von drei Vektoren

Drei Vektoren $\vec{a}_1, \vec{a}_2, \vec{a}_3$ sind **komplanar** genau dann, wenn es drei Zahlen c_1, c_2, c_3 mit $(c_1|c_2|c_3) \neq (0|0|0)$ gibt, sodass gilt:

$c_1\vec{a}_1 + c_2\vec{a}_2 + c_3\vec{a}_3 = \vec{0}$.

Ist $c_3 \neq 0$, so folgt daraus: $\quad \vec{a}_3 = -\dfrac{c_1}{c_3}\vec{a}_1 - \dfrac{c_2}{c_3}\vec{a}_2$.

Lineare Abhängigkeit von *n* Vektoren
(allgemein für Vektoren mit beliebig vielen Koordinaten)

n Vektoren $\vec{a}_1, \vec{a}_2, \ldots, \vec{a}_n$ sind **linear abhängig** genau dann, wenn es n Zahlen $c_1, c_2, \ldots c_n$ mit $(c_1|c_2|\ldots|c_n) \neq (0|0|\ldots|0)$ gibt, sodass gilt:

$c_1\vec{a}_1 + c_2\vec{a}_2 + \cdots + c_3\vec{a}_n = \vec{0}$.

Ist $c_n \neq 0$, so folgt daraus: $\quad \vec{a}_n = -\dfrac{c_1}{c_n}\vec{a}_1 - \dfrac{c_2}{c_n}\vec{a}_2 - \cdots - \dfrac{c_{n-1}}{c_n}\vec{a}_{n-1}$.

Lineare Unabhängigkeit

Sind Vektoren **nicht** linear abhängig, so nennt man sie **linear unabhängig**.
Für linear unabhängige Vektoren $\vec{a}_1, \vec{a}_2, \ldots, \vec{a}_n$ gilt:

$c_1\vec{a}_1 + c_2\vec{a}_2 + \cdots + c_n\vec{a}_n = \vec{0} \;\Rightarrow\; c_1 = c_2 = \ldots = c_n = 0$.

Sätze zur linearen Unabhängigkeit

- Drei ebene Vektoren $\vec{a}_1, \vec{a}_2, \vec{a}_3$ sind **stets** linear abhängig.
- Vier räumliche Vektoren $\vec{a}_1, \vec{a}_2, \vec{a}_3, \vec{a}_4$ sind **stets** linear abhängig.
- Sind n Vektoren $\vec{a}_1, \vec{a}_2, \ldots, \vec{a}_n$ linear unabhängig, so lässt sich jeder Vektor $\vec{b}$ aus ihnen auf **höchstens** eine Weise erzeugen; gilt also

$b = c_1\vec{a}_1 + c_2\vec{a}_2 + \cdots + c_n\vec{a}_n$,

so sind die Zahlen $c_1, c_2 \ldots c_n$ eindeutig bestimmt.

Vektorrechnung

Das Skalarprodukt von Vektoren

Definition

Unter dem **Skalarprodukt zweier Vektoren $\vec{a}$ und $\vec{b}$** versteht man das Produkt

$$\vec{a} \cdot \vec{b} = |\vec{a}|\,|\vec{b}| \cos \alpha.$$

Dabei bezeichnet α die Größe des (nicht überstumpfen) Winkels, den zwei an einem Punkt angetragene Repräsentanten von $\vec{a}$ und $\vec{b}$ einschließen. Statt $\vec{a} \cdot \vec{a}$ schreibt man kurz $\vec{a}^{\,2}$.

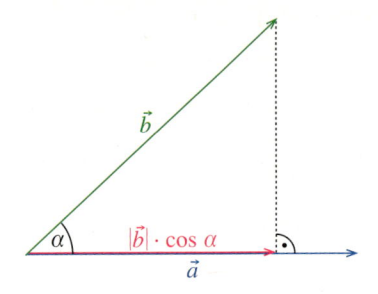

Geometrische Deutung des Skalarproduktes

Ist $\vec{b}_a$ der Vektor, dessen Repräsentanten man durch senkrechte Projektion eines Repräsentanten von $\vec{b}$ in die Richtung von $\vec{a}$ erhält, so gilt: $\vec{a} \cdot \vec{b} = \vec{a} \cdot \vec{b}_a$.

Ist A die Maßzahl eines Rechtecks mit den Seitenmaßzahlen $|\vec{a}|$ und $|\vec{b}_a|$, so gilt:
$A = \vec{a} \cdot \vec{b}$ für $0° \leq \alpha \leq 90°$; $\qquad A = -(\vec{a} \cdot \vec{b})$ für $90° < \alpha \leq 180°$.

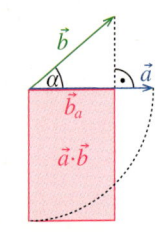

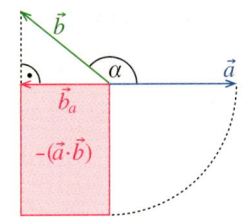

Sätze zum Skalarprodukt

- Für zwei kollineare Vektoren $\vec{a}, \vec{b}$ gilt: $\vec{a} \cdot \vec{b} = \begin{cases} |\vec{a}|\,|\vec{b}|, & \text{falls } \vec{a} \uparrow\uparrow \vec{b}, \\ -|\vec{a}|\,|\vec{b}|, & \text{falls } \vec{a} \uparrow\downarrow \vec{b}. \end{cases}$
- $\vec{a} \cdot \vec{a} = \vec{a}^{\,2} = |\vec{a}|^2$; also gilt: $|\vec{a}| = \sqrt{\vec{a} \cdot \vec{a}} = \sqrt{\vec{a}^{\,2}}$.
- Für $\vec{a} \neq \vec{0}$ gilt: $\vec{a} \cdot \vec{a} = \vec{a}^{\,2} > 0$.
- Zwei Vektoren $\vec{a}, \vec{b} \neq \vec{0}$ sind orthogonal genau dann, wenn $\vec{a} \cdot \vec{b} = 0$ ist:
  $\vec{a} \cdot \vec{b} = 0 \quad \Leftrightarrow \quad \vec{a} = \vec{0} \vee \vec{b} = \vec{0} \vee \vec{a} \perp \vec{b}$

Koordinatendarstellung des Skalarproduktes

- bei ebenen Vektoren: $\qquad \vec{a} \cdot \vec{b} = \begin{pmatrix} a_1 \\ a_2 \end{pmatrix} \cdot \begin{pmatrix} b_1 \\ b_2 \end{pmatrix} = a_1 b_1 + a_2 b_2$

- bei räumlichen Vektoren: $\vec{a} \cdot \vec{b} = \begin{pmatrix} a_1 \\ a_2 \\ a_3 \end{pmatrix} \cdot \begin{pmatrix} b_1 \\ b_2 \\ b_3 \end{pmatrix} = a_1 b_1 + a_2 b_2 + a_3 b_3$

Gesetze zum Skalarprodukt

Kommutativgesetz:	$\vec{a} \cdot \vec{b} = \vec{b} \cdot \vec{a}$	(für alle $\vec{a}, \vec{b} \in V_n$)
Gemischtes Assoziativgesetz:	$(r\vec{a}) \cdot (s\vec{b}) = rs(\vec{a} \cdot \vec{b})$	(für alle $r, s \in \mathbb{R}, \vec{a}, \vec{b} \in V_n$)
Distributivgesetz:	$\vec{a} \cdot (\vec{b} + \vec{c}) = \vec{a} \cdot \vec{b} + \vec{a} \cdot \vec{c}$	(für alle $\vec{a}, \vec{b}, \vec{c} \in V_n$)

Vektorrechnung

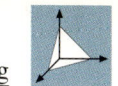

Basisvektoren eines Kartesischen Koordinatensystems

$\vec{e}_i \cdot \vec{e}_k = \begin{cases} 1 & \text{für } i = k \\ 0 & \text{für } i \neq k \end{cases}$ (in der Ebene für $i, k = 1, 2$; im Raum für $i, k = 1, 2, 3$)

Für die Koordinaten a_i eines Vektors $\vec{a}$ gilt:

$a_i = \vec{a} \cdot \vec{e}_i$ (in der Ebene für $i = 1, 2$; im Raum für $i = 1, 2, 3$)

Das Vektorprodukt von Vektoren

Definition

Für beliebige Vektoren $\vec{a}, \vec{b} \in V_3$ ist $\vec{a} \times \vec{b}$ der Vektor, für den gilt:

$\vec{a} \times \vec{b} = |\vec{a}|\,|\vec{b}| \sin \alpha$,

$\vec{a} \times \vec{b} \perp \vec{a}$ und $\vec{a} \times \vec{b} \perp \vec{b}$,

$\vec{a}, \vec{b}$ und $\vec{a} \times \vec{b}$ bilden ein Rechtssystem.

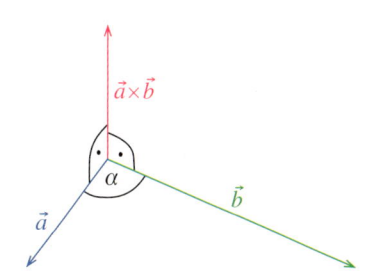

Geometrische Deutung von $|\vec{a} \times \vec{b}|$

$|\vec{a} \times \vec{b}|$ ist die Flächenmaßzahl des von den Vektoren $\vec{a}$ und $\vec{b}$ aufgespannten Parallelogramms:
$A = |\vec{a}|\,|\vec{b}| \sin \alpha = |\vec{a} \times \vec{b}|)$ für $0° \leq \alpha \leq 90°$; $\quad A = |\vec{a}|\,|\vec{b}| \sin(180° - \alpha) = |\vec{a}|\,|\vec{b}| \sin \alpha = |\vec{a} \times \vec{b}|$
$\hspace{11cm}$ für $90° < \alpha \leq 180°$.

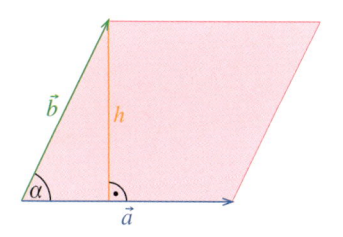

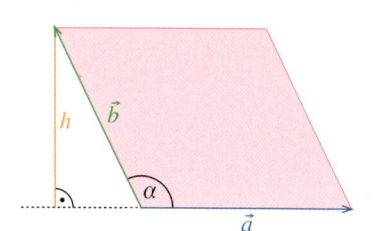

Sätze zum Vektorprodukt

- Für alle $\vec{a} \in V_3$ gilt: $\vec{a} \times \vec{a} = \vec{0}$.
- $\vec{a} \times \vec{a} = \vec{0} \wedge \vec{a}, \vec{b} \neq \vec{0} \Rightarrow \vec{a}$ und $\vec{b}$ sind kollinear.
- $|\vec{a} \times \vec{b}| = |\vec{a}|\,|\vec{b}| \wedge \vec{a}, \vec{b} \neq \vec{0} \Rightarrow \vec{a} \perp \vec{b}$

Koordinatendarstellung des Skalarproduktes

$\vec{a} \times \vec{b} = \begin{pmatrix} a_1 \\ a_2 \\ a_3 \end{pmatrix} \times \begin{pmatrix} b_1 \\ b_2 \\ b_3 \end{pmatrix} = \begin{pmatrix} a_2 b_3 - a_3 b_2 \\ a_3 b_1 - a_1 b_3 \\ a_1 b_2 - a_2 b_1 \end{pmatrix}$

Gesetze zum Vektorprodukt

Alternativgesetz:	$\vec{a} \times \vec{b} = -(\vec{b} \times \vec{a})$	(für alle $\vec{a}, \vec{b} \in V_n$)
Gemischtes Assoziativgesetz:	$(r\vec{a}) \times (s\vec{b}) = rs(\vec{a} \times \vec{b})$	(für alle $r, s \in \mathbb{R}$, $\vec{a}, \vec{b} \in V_n$)
Distributivgesetz:	$\vec{a} \times (\vec{b} + \vec{c}) = \vec{a} \times \vec{b} + \vec{a} \times \vec{c}$	(für alle $\vec{a}, \vec{b}, \vec{c} \in V_n$)

Vektorrechnung

Das Spatprodukt von Vektoren

Definition

Bilden drei linear unabhängige Vektoren $\vec{a}, \vec{b}, \vec{c}$ ein Rechtssystem, so gilt für das Volumen V_{Spat} des von den Vektoren aufgespannten Spates:
$V_{\text{Spat}} = (\vec{a} \times \vec{b}) \cdot \vec{c}$.
Der Term $(\vec{a} \times \vec{b}) \cdot \vec{c}$ heißt **Spatprodukt** der Vektoren $\vec{a}, \vec{b}, \vec{c}$.

Sätze zum Spatprodukt

- Für alle $\vec{a}, \vec{b}, \vec{c} \in V_3$ gilt: $(\vec{a} \times \vec{b}) \cdot \vec{c} = (\vec{b} \times \vec{c}) \cdot \vec{a} = (\vec{c} \times \vec{a}) \cdot \vec{b}$.
- Gilt $(\vec{a} \times \vec{b}) \cdot \vec{c} > 0$, so bilden $\vec{a}, \vec{b}, \vec{c}$ ein Rechtssystem.
  Gilt $(\vec{a} \times \vec{b}) \cdot \vec{c} < 0$, so bilden $\vec{a}, \vec{b}, \vec{c}$ ein Linkssystem.
- Gilt $(\vec{a} \times \vec{b}) \cdot \vec{c} = 0$, so sind $\vec{a}, \vec{b}, \vec{c}$ komplanar.

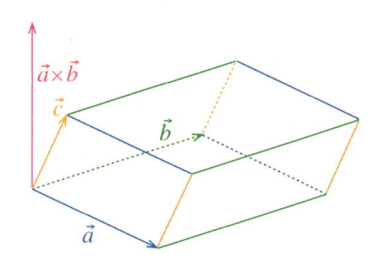

Koordinatendarstellung des Spatproduktes

$$(\vec{a} \times \vec{b}) \cdot \vec{c} = \left(\begin{pmatrix} a_1 \\ a_2 \\ a_3 \end{pmatrix} \times \begin{pmatrix} b_1 \\ b_2 \\ b_3 \end{pmatrix} \right) \cdot \begin{pmatrix} c_1 \\ c_2 \\ c_3 \end{pmatrix} = \begin{vmatrix} a_1 & b_1 & c_1 \\ a_2 & b_2 & c_2 \\ a_3 & b_3 & c_3 \end{vmatrix}$$

$$= a_1 b_2 c_3 + a_3 b_1 c_2 + a_2 b_3 c_1 - a_3 b_2 c_1 - a_1 b_3 c_2 - a_2 b_1 c_3$$

Determinanten

Zweireihige Determinanten

$$\begin{vmatrix} a_{11} & a_{12} \\ a_{21} & a_{22} \end{vmatrix} = a_{11} a_{22} - a_{12} a_{21}$$

Dreireihige Determinanten

$$\begin{vmatrix} a_{11} & a_{12} & a_{13} \\ a_{21} & a_{22} & a_{23} \\ a_{31} & a_{32} & a_{33} \end{vmatrix} = a_{11} \begin{vmatrix} a_{22} & a_{23} \\ a_{32} & a_{33} \end{vmatrix} - a_{12} \begin{vmatrix} a_{21} & a_{23} \\ a_{31} & a_{33} \end{vmatrix} + a_{13} \begin{vmatrix} a_{21} & a_{22} \\ a_{31} & a_{32} \end{vmatrix}$$

Sarrus'sche Regel für dreireihige Determinanten

$$\begin{vmatrix} a_{11} & a_{12} & a_{13} \\ a_{21} & a_{22} & a_{23} \\ a_{31} & a_{32} & a_{33} \end{vmatrix} \begin{matrix} a_{11} & a_{12} \\ a_{21} & a_{22} \\ a_{31} & a_{32} \end{matrix} = \begin{matrix} a_{11} a_{22} a_{33} + a_{12} a_{23} a_{31} + a_{13} a_{21} a_{32} \\ -a_{13} a_{22} a_{31} - a_{11} a_{23} a_{32} - a_{12} a_{21} a_{33} \end{matrix}$$

Analytische Geometrie in vektorieller Darstellung

Die Formeln beziehen sich durchweg auf die räumliche Geometrie. In manchen Fällen erhät man durch Weglassen der dritten Koordinate den entsprechenden ebenen Sachverhalt.

Punkt und Ortsvektor

Unter dem **Ortsvektor zum Punkt** $P(x|y|z)$ versteht man den Vektor $\vec{x} = \begin{pmatrix} x \\ y \\ z \end{pmatrix}$.

Der am Nullpunkt angetragene Pfeil $\overrightarrow{OP}$ ist also ein Repräsentant des Ortsvektors $\vec{x}$.

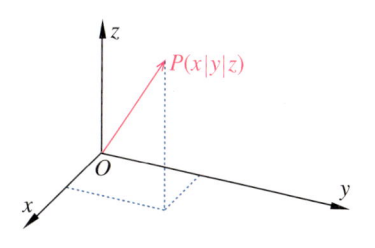

Strecke $\overline{P_1P_2}$ mit $P_1(x_1|y_1|z_1)$ und $P_2(x_2|y_2|z_2)$

Länge der Strecke: $|\overline{P_1P_2}| = \sqrt{(\vec{x}_2 - \vec{x}_1)^2} = \sqrt{(x_2-x_1)^2 + (y_2-y_1)^2 + (z_2-z_1)^2}$

Mittelpunkt M: $\vec{x}_M = \frac{1}{2}(\vec{x}_1 + \vec{x}_2)$

Teilpunkt T: Wenn $|\overline{P_1T}| = k \cdot |\overline{TP_2}|$, dann $\vec{x}_T = \frac{1}{1+k}(\vec{x}_1 + k\vec{x}_2)$.

Dreieck $P_1P_2P_3$ mit $P_1(x_1|y_1|z_1), P_2(x_2|y_2|z_2), P_3(x_3|y_3|z_3)$

Seitenlängen

$a = |\vec{a}| = |\vec{x}_3 - \vec{x}_2|$

$b = |\vec{b}| = |\vec{x}_1 - \vec{x}_3|$

$c = |\vec{c}| = |\vec{x}_2 - \vec{x}_1|$

Winkelgrößen

$\cos \alpha = \dfrac{(-\vec{b}) \cdot \vec{c}}{|\vec{b}|\,|\vec{c}|}$

$\cos \beta = \dfrac{(-\vec{c}) \cdot \vec{a}}{|\vec{c}|\,|\vec{a}|}$

$\cos \gamma = \dfrac{(-\vec{a}) \cdot \vec{b}}{|\vec{a}|\,|\vec{b}|}$

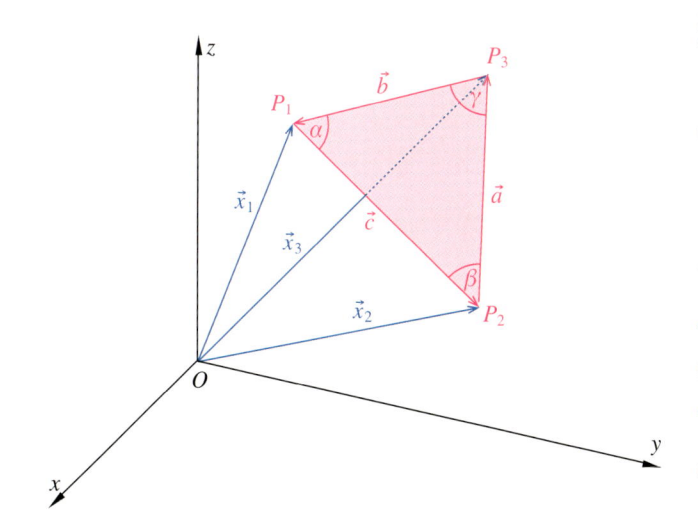

Flächenmaßzahl

$A = \frac{1}{2}|(-\vec{a}) \times \vec{b}| = \frac{1}{2}|(-\vec{b}) \times \vec{c}| = \frac{1}{2}|(-\vec{c}) \times \vec{a}|$

Analytische Geometrie in vektorieller Darstellung

Geradengleichungen in Parameterform (Parametergleichungen)

Punkt-Richtungs-Gleichung

$\vec{x} = \vec{x}_0 + t\vec{a}, \quad t \in \mathbb{R}$

Zwei-Punkte-Gleichung

$\vec{x} = \vec{x}_0 + t(\vec{x}_1 - \vec{x}_0), \quad t \in \mathbb{R}$

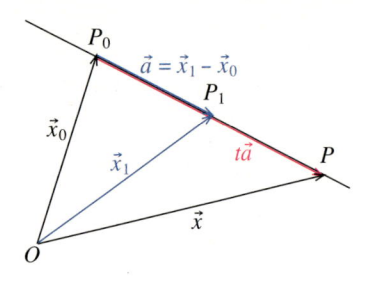

Ebenengleichungen in Parameterform (Parametergleichungen)

Punkt-Richtungs-Gleichung

$\vec{x} = \vec{x}_0 + r\vec{a} + s\vec{b}, \quad r, s \in \mathbb{R}$

Drei-Punkte-Gleichung

$\vec{x} = \vec{x}_0 + r(\vec{x}_1 - \vec{x}_0) + s(\vec{x}_2 - \vec{x}_0), \quad r, s \in \mathbb{R}$

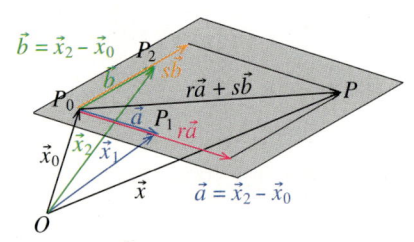

Normalengleichungen für Geraden und für Ebenen

Normalen-Form für Geraden bzw. Ebenen

$(\vec{x} - \vec{x}_0) \cdot \vec{n} = 0 \quad \text{oder} \quad \vec{x} \cdot \vec{n} = \vec{x}_0 \cdot \vec{n}$

($\vec{n}$: beliebiger Normalenvektor der Geraden bzw. der Ebene)

Ist eine Ebene durch $\vec{x} = \vec{x}_0 + r\vec{a} + s\vec{b}$ gegeben, so ist $\vec{n} = \vec{a} \times \vec{b}$ ein Normalenvektor der Ebene.

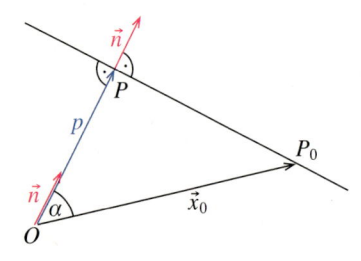

Allgemeine Form der Gleichung für Geraden bzw. Ebenen

Mit $\vec{n} = \begin{pmatrix} A \\ B \end{pmatrix}$ bzw. $\vec{n} = \begin{pmatrix} A \\ B \\ C \end{pmatrix}$ ergibt sich aus $\vec{x} \cdot \vec{n} = \vec{x}_0 \cdot \vec{n}$

die allgemeine Form $Ax + By = C$ bzw. $Ax + By + Cz = D$.

Hesse-Form (Hesse'sche Normalen-Form)

$(\vec{x} - \vec{x}_0) \cdot \vec{e}_n = 0 \quad \text{oder} \quad \vec{x} \cdot \vec{e}_n = \vec{x}_0 \cdot \vec{e}_n$

Dabei ist $\vec{e}_n = \dfrac{\vec{n}}{|\vec{n}|}$ ein Normaleneinheitsvektor der Geraden bzw. Ebene. Wählt man die Orientierung von $\vec{e}_n$ so, dass $\vec{x}_0 \cdot \vec{e}_n = p \geq 0$ ist, so ist p der Abstand der Geraden bzw. der Ebene vom Nullpunkt.

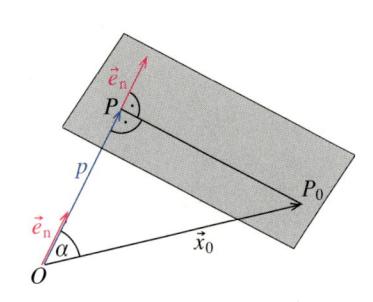

Analytische Geometrie in vektorieller Darstellung

Geradengleichung in Plücker-Form

$\vec{x} \times \vec{a} = \vec{x}_0 \times \vec{a}$ oder $(\vec{x} - \vec{x}_0) \times \vec{a} = \vec{0}$

Dabei ist $\vec{a}$ ein Richtungsvektor der Geraden.

Winkelgrößen

Winkel zwischen zwei sich schneidenden Geraden g_1 und g_2 in der Ebene

$g_1: A_1 x + B_1 y = C_1, \quad g_2: A_2 x + B_2 y = C_2$

Mit $\vec{n}_1 = \begin{pmatrix} A_1 \\ B_1 \end{pmatrix}$ und $\vec{n}_2 = \begin{pmatrix} A_2 \\ B_2 \end{pmatrix}$ ist $\cos \alpha = \left| \dfrac{\vec{n}_1 \cdot \vec{n}_2}{|\vec{n}_1|\,|\vec{n}_2|} \right|$.

Winkel zwischen zwei sich schneidenden Geraden (Parametergleichungen)

$g_1: \vec{x} = \vec{x}_1 + r\vec{a}, \quad g_2: \vec{x} = \vec{x}_2 + s\vec{b}: \quad \cos \alpha = \left| \dfrac{\vec{a} \cdot \vec{b}}{|\vec{a}|\,|\vec{b}|} \right|$

Winkel zwischen Gerade g und Ebene ε

$g: \vec{x} = \vec{x}_0 + r\vec{a}, \quad \varepsilon: \vec{x} \cdot \vec{n} = D: \quad \sin \alpha = \left| \dfrac{\vec{a} \cdot \vec{n}}{|\vec{a}|\,|\vec{n}|} \right|$

Ist die Ebene ε durch $\vec{x} = \vec{x}_1 + s\vec{b} + t\vec{c}$ gegeben, so berechnet man $\vec{n} = \vec{b} \times \vec{c}$.

Winkel zwischen zwei sich schneidenden Ebenen

$\varepsilon_1: \vec{x} \cdot \vec{n}_1 = D_1, \quad \varepsilon_2: \vec{x} \cdot \vec{n}_2 = D_2: \quad \cos \alpha = \left| \dfrac{\vec{n}_1 \cdot \vec{n}_2}{|\vec{n}_1|\,|\vec{n}_2|} \right|$

Sind die Ebenen ε_1 und ε_2 in Parameterform mit den Spannvektoren $\vec{a}_1, \vec{b}_1$ bzw. $\vec{a}_2, \vec{b}_2$ gegeben, so bestimmt man $\vec{n}_1 = \vec{a}_1 \times \vec{b}_1$ und $\vec{n}_2 = \vec{a}_2 \times \vec{b}_2$.

Abstände

Punkt P_1 und Gerade g bzw. Ebene ε (Normalengleichung)

Gegeben: $\vec{x}_1$ und $(\vec{x} - \vec{x}_0) \cdot \vec{n} = 0$

Abstand: $d = |(\vec{x}_1 - \vec{x}_0) \cdot \vec{e}_n| = |\vec{x}_1 \cdot \vec{e}_n - p|$ mit $\vec{e}_n = \dfrac{\vec{n}}{|\vec{n}|}$

Ist die Ebene ε durch $\vec{x} = \vec{x}_1 + s\vec{a} + t\vec{b}$ gegeben, so berechnet man $\vec{n} = \vec{a} \times \vec{b}$.

Punkt P_1 und Gerade g (Parametergleichung)

Gegeben: $\vec{x}_1$ und $\vec{x} = \vec{x}_0 + t\vec{a}$,

- Der Lotfußpunkt F ist gegeben durch $t_F = \dfrac{(\vec{x}_1 - \vec{x}_0) \cdot \vec{a}}{\vec{a} \cdot \vec{a}}$.
  Abstand: $d = |\vec{x}_1 - \vec{x}_F|$.

- Abstand: $d = \left| (\vec{x}_1 - \vec{x}_0) \times \dfrac{\vec{a}}{|\vec{a}|} \right|$

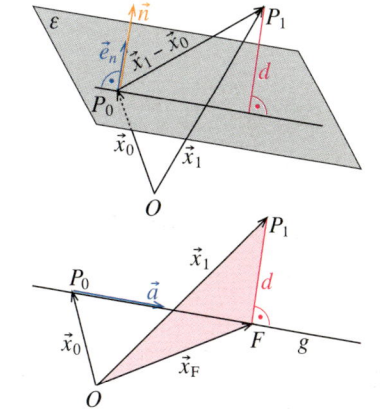

Analytische Geometrie in vektorieller Darstellung

Parallele Geraden (Parametergleichungen)

Man berechnet den Abstand eines Punktes P_1 auf g_1 von g_2 oder umgekehrt.

Parallele Geraden bzw. Ebenen (Normalengleichungen)

Gegeben: g_1 bzw. ε_1: $(\vec{x} - \vec{x}_1) \cdot \vec{n}_1 = 0$ und g_2 bzw. ε_2: $(\vec{x} - \vec{x}_2) \cdot \vec{n}_2 = 0$

Abstand: $d = |(\vec{x}_2 - \vec{x}_1) \cdot \vec{e}_n|$ mit $\vec{e}_n = \dfrac{\vec{n}_1}{|\vec{n}_1|}$

Parallele Ebenen (Parametergleichungen)

Gegeben: ε_1: $\vec{x} = \vec{x}_1 + r\vec{a}_1 + s\vec{b}_1$, ε_2: $\vec{x} = \vec{x}_2 + t\vec{a}_2 + u\vec{b}_2$.
Die Vektoren $\vec{n}_1 = \vec{a}_1 \times \vec{b}_1$ und $\vec{n}_2 = \vec{a}_2 \times \vec{b}_2$ sind kollinear.

Abstand: $d = \left|(\vec{x}_2 - \vec{x}_1) \cdot \dfrac{\vec{n}_1}{|\vec{n}_1|}\right|$.

Windschiefe Geraden

Gegeben: g_1: $\vec{x} = \vec{x}_1 + r\vec{a}$, g_2: $\vec{x} = \vec{x}_2 + s\vec{b}$

Abstand: $d = \left|(\vec{x}_2 - \vec{x}_1) \cdot \dfrac{\vec{a} \times \vec{b}}{|\vec{a} \times \vec{b}|}\right|$

Gerade und dazu parallele Ebene

Gegeben: g: $\vec{x} = \vec{x}_0 + t\vec{a}$, ε: $(\vec{x} - \vec{x}_1) \cdot \vec{e}_n = 0$
Abstand: $d = |(\vec{x}_1 - \vec{x}_0) \cdot \vec{e}_n|$

Ist die Ebene ε durch $\vec{x} = \vec{x}_1 + r\vec{b} + s\vec{c}$ gegeben, so berechnet man $\vec{e}_n = \dfrac{\vec{b} \times \vec{c}}{|\vec{b} \times \vec{c}|}$.

Kreis und Kugel $K(M, r)$

	Mittelpunkt M im Nullpunkt	Mittelpunkt M mit Ortsvektor $\vec{x}_M$
Gleichung von $K(M,r)$	$\vec{x} = r^2$	$(\vec{x} - \vec{x}_M) = r^2$
Tangente/Tangentialebene; Berührpunkt B zu $\vec{x}_B$	$\vec{x} \cdot \vec{x}_B = r^2$	$(\vec{x} - \vec{x}_M) \cdot (\vec{x}_B - \vec{x}_M) = r^2$
Polare/Polarebene zum Punkt P_1 mit dem Ortsvektor $\vec{x}_1$	$\vec{x} \cdot \vec{x}_1 = r^2$	$(\vec{x} - \vec{x}_M) \cdot (\vec{x}_1 - \vec{x}_M) = r^2$

Eine Gleichung der Form $\vec{x}^2 + \vec{p} \cdot \vec{x} + q = 0$ ist genau dann die Gleichung eines Kreises/einer Kugel, wenn $\left(\dfrac{\vec{p}}{2}\right)^2 - q \geq 0$ ist. Der Kreis/die Kugel besitzt dann den Mittelpunkt M mit dem Ortsvektor $\vec{x}_M = -\dfrac{\vec{p}}{2}$ und den Radius $r = \sqrt{\left(\dfrac{\vec{p}}{2}\right)^2 - q}$.

Lineare Gleichungssysteme. Matrizen

Lineare Gleichungen. Lineare Gleichungssysteme

Lineare Gleichungen mit n Variablen

Unter einer **linearen Gleichung mit n Variablen** versteht man eine Gleichung, die durch Äquivalenzumformungen auf die Form
$a_1x_1 + a_2x_2 + \cdots + a_nx_n = b \quad (\text{mit } a_1, a_2, \ldots, a_n, b \in \mathbb{R})$
gebracht werden kann. Man nennt die Zahlen a_i die **Koeffizienten** und die Zahl b das **Absolutglied** der linearen Gleichung.

Lineare Gleichungssysteme

Unter einem **linearen Gleichungssystem** (LGS) versteht man eine Aussageform, in der m lineare Gleichungen mit n Variablen **konjunktiv** miteinander verknüpft sind; man spricht auch von einem (m,n)-Gleichungssystem. In der Regel lässt man das Konjunktionszeichen $\wedge$ fort und schreibt:

$$\begin{cases} a_{11}x_1 + a_{12}x_2 + \cdots + a_{1n}x_n = b_1 \\ a_{21}x_1 + a_{22}x_2 + \cdots + a_{2n}x_n = b_2 \\ \cdots\cdots\cdots\cdots\cdots\cdots\cdots\cdots\cdots\cdots\cdots \\ a_{m1}x_1 + a_{m2}x_2 + \cdots + a_{mn}x_n = b_m \end{cases}$$

Ist $b_1 = b_2 = \ldots = b_m = 0$, so spricht man von einem **homogenen Gleichungssystem**, andernfalls von einem **inhomogenen Gleichungssystem**.

Matrizen zu einem linearen Gleichungssystem

Koeffizientenmatrix $[(m,n)\text{-Matrix}]$

$$A = \begin{pmatrix} a_{11} & a_{12} & \cdots & a_{1n} \\ a_{21} & a_{22} & \cdots & a_{2n} \\ \vdots & \vdots & \ddots & \vdots \\ a_{m1} & a_{m2} & \cdots & a_{mn} \end{pmatrix}$$

Erweiterte Matrix $[(m, n+1)\text{-Matrix}]$

$$B = \left(\begin{array}{cccc|c} a_{11} & a_{12} & \cdots & a_{1n} & b_1 \\ a_{21} & a_{22} & \cdots & a_{2n} & b_2 \\ \vdots & \vdots & \ddots & \vdots & \vdots \\ a_{m1} & a_{m2} & \cdots & a_{mn} & b_m \end{array}\right)$$

Die waagerechten Reihen einer Matrix heißen **Zeilen**, die dazu senkrechten Reihen heißen **Spalten** der Matrix.

Stimmen bei einer Matrix A die Anzahl m der Zeilen und die Anzahl n der Spalten überein, so spricht man von einer **quadratischen Matrix**.

Einheitsmatrix

Unter einer **Einheitsmatrix** E versteht man eine Matrix der Form

$$E = \begin{pmatrix} 1 & 0 & \cdots & 0 \\ 0 & 1 & \cdots & 0 \\ \vdots & \vdots & \ddots & \vdots \\ 0 & 0 & \cdots & 1 \end{pmatrix}; \quad \text{es gilt also:} \quad e_{ik} = \begin{cases} 1 & \text{für } i = k \\ 0 & \text{für } i \neq k. \end{cases}$$

Lineare Gleichungssysteme. Matrizen

Gleichungssystem als Vektorgleichung

Mithilfe der Spaltenvektoren $\vec{a}_i = \begin{pmatrix} a_{1i} \\ \vdots \\ a_{mi} \end{pmatrix}$ $(i = 1, 2, \ldots n)$ und $\vec{b} = \begin{pmatrix} b_1 \\ \vdots \\ b_m \end{pmatrix}$ kann ein lineares Gleichungssystem als Vektorgleichung geschrieben werden: $x_1 \vec{a}_1 + x_2 \vec{a}_2 + \cdots + x_n \vec{a}_n = \vec{b}$.

Lösungsverfahren für lineare Gleichungssysteme

Äquivalenzumformungen bei Gleichungssystemen

Bei einem linearen Gleichungssystem (LGS) sind die folgenden Umformungen stets Äquivalenzumformungen:
- Vertauschen von Gleichungen,
- Multiplikation einer Gleichung mit einer von 0 verschiedenen Zahl,
- Ersetzen einer Gleichung durch die Summe aus dieser und einer anderen Gleichung.

Gauß-Verfahren

Mithilfe dieser Umformungen kann man die erweiterte Matrix B so umformen, dass unterhalb der Hauptdiagonalen (von links oben nach rechts unten) nur noch die Zahl 0 auftritt (Gauß'sches Eliminationsverfahren); die Lösungen können dann „von unten nach oben" berechnet werden.

Rang einer Matrix

Unter dem **Zeilenrang** (**Spaltenrang**) einer Matrix M versteht man die Höchstzahl der in M enthaltenen linear unabhängigen Zeilenvektoren (Spaltenvektoren).
Bei jeder Matrix M stimmen der Zeilen- und der Spaltenrang überein; man spricht daher kurz vom **Rang einer Matrix** M, bezeichnet durch **rg** M.

Die beim Gauß'schen Eliminationsverfahren durchzuführenden Zeilenumformungen lassen den Rang einer Matrix unverändert.

Erfüllbarkeitsbedingungen

Ein lineares Gleichungssystem (LGS) mit n Variablen, der Koeffizientenmatrix A und der erweiterten Matrix B ist genau dann
- **unerfüllbar**, wenn $\operatorname{rg} A < \operatorname{rg} B$ ist;
- **erfüllbar**, wenn $\operatorname{rg} A = \operatorname{rg} B$ ist.
  Ist $\operatorname{rg} A = \operatorname{rg} B = n$, dann hat das LGS genau eine Lösung;
  ist $\operatorname{rg} A = \operatorname{rg} B < n$ und $k = n - \operatorname{rg} A$, dann ist die Lösungsmenge k-dimensional, also mithilfe von k Parametern darstellbar.
  Man nennt die Zahl $k = n - \operatorname{rg} A$ den **Rangabfall von** A.

Homogene Gleichungssysteme

Ein **homogenes** LGS mit n Variablen hat
- nur die **triviale Lösung** $x_1 = x_2 = \ldots = x_n = 0$ genau dann, wenn $\operatorname{rg} A = n$ ist;
- eine k-dimensionale Lösungsmenge genau dann, wenn $\operatorname{rg} A < n$ und $k = n - \operatorname{rg} A$ ist.

Verknüpfungen von Matrizen

Addition und S-Multiplikation

Addition von Matrizen

Zwei (m,n)-Matrizen $A = (a_{ik})$ und $B = (b_{ik})$ werden elementweise addiert.
$C = A + B$ mit $C = (c_{ik})$ bedeutet also

$c_{ik} = a_{ik} + b_{ik}$ (für $i = 1, 2, \ldots, m$; $k = 1, 2, \ldots, n$)

Gruppeneigenschaft

Die (m,n)-Matrizen bilden bezüglich der Matrizenaddition eine kommutative Gruppe.
Neutrales Element ist die Nullmatrix $N = \begin{pmatrix} 0 & \cdots & 0 \\ \vdots & \ddots & \vdots \\ 0 & \cdots & 0 \end{pmatrix}$.

Die additiv-inverse Matrix zu einer Matrix $A = (a_{ik})$ ist die Matrix $(-a_{ik})$, die mit „$-A$" bezeichnet wird.

S-Multiplikation bei Matrizen

Die Matrix $A = (a_{ik})$ wird mit einer Zahl $r \in \mathbb{R}$ multipliziert, indem jedes Element von A mit r multipliziert wird.

$B = rA$ bedeutet also: $b_{ik} = ra_{ik}$ (für $i = 1, 2, \ldots, m$; $k = 1, 2, \ldots, n$)

Gesetze der S-Multiplikation

Assoziativgesetz: $r(sA) = (rs)A$ (für alle $r, s \in \mathbb{R}$)

Erstes Distributivgesetz: $(r+s)A = rA + sA$ (für alle $r, s \in \mathbb{R}$)

Zweites Distributivgesetz: $r(A+B) = rA + rB$ (für alle $r \in \mathbb{R}$)

Multiplikation mit einem Spaltenvektor

Definition

Ist $A = (a_{ik})$ eine (m,n)-Matrix und $\vec{x}$ ein Spaltenvektor mit n Koordinaten $x_1, x_2, \ldots, x_n$, so versteht man unter $A\vec{x}$ den Spaltenvektor mit den m Koordinaten

$b_i = a_{i1}x_1 + a_{i2}x_2 + \cdots + a_{in}x_n$ (für $i = 1, 2, \ldots, m$).

Gesetze

Assoziativgesetz: $r(A\vec{x}) = (rA)\vec{x} = A(r\vec{x})$ (für alle $r \in \mathbb{R}$)

Erstes Distributivgesetz: $(A+B)\vec{x} = A\vec{x} + B\vec{x}$

Zweites Distributivgesetz: $A(\vec{x}+\vec{y}) = A\vec{x} + A\vec{y}$

Verknüpfungen von Matrizen

Multiplikation von Matrizen

Definition

Für eine (m,n)-Matrix $A = (a_{ik})$, eine (n,p)-Matrix $B = (b_{ik})$ und eine (m,p)-Matrix $C = (c_{ik})$ gilt $C = AB$ genau dann, wenn für alle c_{ik} gilt:

$$c_{ik} = a_{i1} \cdot b_{1k} + a_{i2} \cdot b_{2k} + \cdots + a_{in} \cdot b_{nk} \quad \text{(für } i = 1, 2, \ldots, m; \; k = 1, 2, \ldots, p)$$

Gesetze

Assoziativgesetz: $\qquad (AB)C = A(BC)$

Neutrales Element für quadratische Matrizen: $\qquad AE = EA = A \quad$ (E: Einheitsmatrix)

Distributivgesetze: $\qquad A(B+C) = AB + AC \quad$ und $\quad (A+B)C = AC + BC$

Gemischtes Assoziativgesetz: $\qquad (rA)(sB) = (rs)(AB) \quad$ (für alle $r, s \in \mathbb{R}$)

Transponierte Matrix

Vertauscht man in einer Matrix A alle Zeilen mit den entsprechenden Spalten, so entsteht die **transponierte Matrix** A^T. Es gilt: $(AB)^T = B^T A^T$

Die inverse Matrix zu einer quadratischen Matrix

Reguläre Matrizen

Eine (n,n)-Matrix A heißt **regulär** genau dann, wenn $\text{rg } A = n$ ist. Ist $\text{rg } A < n$, so heißt die Matrix **nichtregulär** oder **singulär**.

Inverse Matrizen

Zu jeder regulären (n,n)-Matrix A gibt es genau eine **inverse Matrix** A^{-1} mit

$$AA^{-1} = A^{-1}A = E = \begin{pmatrix} 1 & 0 & \cdots & 0 \\ 0 & 1 & \cdots & 0 \\ \vdots & \vdots & \ddots & \vdots \\ 0 & 0 & \cdots & 1 \end{pmatrix} \quad \text{(Einheitsmatrix)}.$$

Eine zweireihige Matrix $A = \begin{pmatrix} a & b \\ c & d \end{pmatrix}$ besitzt eine inverse Matrix A^{-1} genau dann, wenn für die zugehörige Determinante $|A|$ gilt: $|A| = \begin{vmatrix} a & b \\ c & d \end{vmatrix} = ad - bc \neq 0.$

In diesem Fall ist $A^{-1} = \dfrac{1}{|A|} \begin{pmatrix} d & -b \\ -c & a \end{pmatrix}$.

Sätze zu inversen Matrizen

- $AB = E \; \Rightarrow \; A = B^{-1}$ und $B = A^{-1}$
- Für alle regulären Matrizen A, B gilt: $(AB)^{-1} = B^{-1}A^{-1}$.
- Für jede reguläre Matrix A gilt: $(A^{-1})^{-1} = A$.

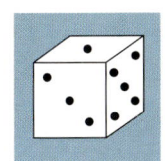

Stochastik

Grundlagen

Zufallsexperimente, Ergebnisse, Ereignisse

Ergebnismenge

Bei n Durchführungen eines Zufallsexperimentes trete stets genau eines der Ergebnisse $e_1, e_2, \ldots, e_s$ ein. Dann heißt die Menge $S = \{e_1, e_2, \ldots, e_s\}$ **Ergebnismenge** des Zufallsexperimentes. Sie wird auch **Ergebnisraum** oder **Stichprobenraum** genannt und auch mit Ω bezeichnet.

Ereignisse

Jede Teilmenge A der Ergebnismenge ($A \subseteq S$) heißt **Ereignis** des Zufallsexperimentes.
Sonderfälle: Sicheres Ereignis S; **unmögliches Ereignis** $\emptyset$; **Elementarereignis** $E_i = \{e_i\}$

Oder-Ereignis

Das **Oder-Ereignis** $A \cup B$ (gelesen „A oder B") tritt ein, wenn wenigstens eines der beiden Ereignisse A, B eintritt.

Und-Ereignis

Das **Und-Ereignis** $A \cap B$ (gelesen „A und B") tritt ein, wenn beide Ereignisse A, B eintreten.

Unvereinbarkeit

Gilt $A \cap B = \emptyset$ so heißen die Ereignisse A und B **unvereinbar**, andernfalls **vereinbar**.

Gegenereignis

Das **Gegenereignis zu A** ist das Ereignis $\overline{A} = S \setminus A$ (gelesen „S ohne A").
Stets gilt: $\overline{\overline{A}} = A$, $A \cup \overline{A} = S$ und $A \cap \overline{A} = \emptyset$.

Häufigkeiten

Absolute Häufigkeit des Ergebnisses e_i bei n Versuchen

$H_n(e_i) = H_i$ mit $0 \leq H_i \leq n$ (für $i = 1, 2, \ldots, s$)

Es gilt: $H_1 + H_2 + \cdots + H_s = \sum_{i=1}^{s} H_i = n$.

Absolute Häufigkeit des Ereignisses $A = \{e_i, e_k, \ldots, e_r\}$ bei n Versuchen

$H(A) = H_i + H_k + \cdots + H_r$
Sonderfälle: $H(S) = n$, $H(\emptyset) = 0$, $H(E_i) = H_i$ (E_i: Elementarereignis)

Grundlagen

Relative Häufigkeit des Ergebnisses e_i bei n Versuchen

$$h_n(e_i) = \frac{H_n(e_i)}{n} = \frac{H_i}{n} = h_i \text{ mit } 0 \leq h_i \leq 1 \text{ (für } i = 1, 2, \ldots, s)$$

Es gilt: $h_1 + h_2 + \cdots + h_s = \sum_{i=1}^{s} h_i = 1$.

Relative Häufigkeit des Ereignisses $A = \{e_i, e_k, \ldots, e_r\}$ bei n Versuchen

$h(A) = h_i + h_k + \cdots + h_r$

Sonderfälle: $h(S) = 1, h(\emptyset) = 0, h(E_i) = h_i$ (E_i: Elementarereignis)

Grundlegende Beziehungen

- Für **Oder-Ereignisse** gilt: $H(A \cup B) = H(A) + H(B) - H(A \cap B)$
  $h(A \cup B) = h(A) + h(B) - h(A \cap B)$

- Für **unvereinbare Ereignisse** gilt: $H(A \cup B) = H(A) + H(B)$
  $h(A \cup B) = h(A) + h(B)$

- Für **Gegenereignisse** gilt: $H(A) + H(\overline{A}) = n$, also $H(\overline{A}) = n - H(A)$
  $h(A) + h(\overline{A}) = 1$, also $h(\overline{A}) = 1 - h(A)$

Maßzahlen einer Stichprobe

Mittelwert einer Stichprobe

Einer Grundgesamtheit werde eine **Stichprobe** mit den **Messwerten** (Zahlen, Größen) $x_1, x_2, \ldots, x_n$ entnommen. Dann heißt

$$\overline{x} = \frac{1}{n}(x_1 + x_2 + \cdots + x_n) = \frac{1}{n}\sum_{i=1}^{n} x_i$$

Mittelwert der Stichprobe (arithmetisches Mittel der Messwerte).

Der Mittelwert $\overline{x}$ gleicht die einfachen Abweichungen aus: $\sum_{i=1}^{n}(x_i - \overline{x}) = 0$.

Mittlere absolute Abweichung der Messwerte vom Mittelwert

$$d = \frac{1}{n}(|x_1 - \overline{x}| + |x_2 - \overline{x}| + \cdots + |x_n - \overline{x}|) = \frac{1}{n}\sum_{i=1}^{n}|x_i - \overline{x}|$$

Varianz, mittlere quadratische Abweichung der Messwerte vom Mittelwert

$$s^2 = \frac{1}{n}\left((x_1 - \overline{x})^2 + (x_2 - \overline{x})^2 + \cdots + (x_n - \overline{x})^2\right) = \frac{1}{n}\sum_{i=1}^{n}(x_i - \overline{x})^2$$

Es gilt: $s^2 = \frac{1}{n}\left[\sum_{i=1}^{n} x_i^2 - \frac{1}{n}\left(\sum_{i=1}^{n} x_i\right)^2\right] = \frac{1}{n}\sum_{i=1}^{n} x_i^2 - \overline{x}^2$.

Die Varianz ist halb so groß wie die mittlere quadratische Abweichung $S^2 = \frac{1}{n^2}\sum_{i=1}^{n}\sum_{k=1}^{n}(x_i - x_k)^2$ der n Messwerte voneinander; es gilt also $s^2 = \frac{1}{2}S^2$.

Grundlagen

Standardabweichung (Streuung)

$$s = \sqrt{s^2} = \sqrt{\frac{1}{n}\sum_{i=1}^{n}(x_i - \bar{x})^2}$$

Mittelwert und Varianz bei bekannten Häufigkeiten der Messwerte

Tritt in einer Stichprobe vom Umfang n der Wert x_i ($i = 1, 2, \ldots, m$) mit der Häufigkeit H_i, also mit der relativen Häufigkeit

$$h_i = \frac{H_i}{H_1 + H_2 + \ldots + H_m} = \frac{H_i}{n}$$

auf, so gilt:

- $\bar{x} = \frac{1}{n}\sum_{i=1}^{m} x_i H_i = \sum_{i=1}^{m} x_i h_i$
- $s^2 = \frac{1}{n}\sum_{i=1}^{m}(x_i - \bar{x})^2 \cdot H_i = \sum_{i=1}^{m}(x_i - \bar{x})^2 \cdot h_i$

Modus

Der am häufigsten vorkommende Wert einer Messwertreihe/Stichprobe heißt **Modus**.

p-tes Perzentil und Median (Zentralwert) einer Messwertreihe/Stichprobe

Ein Messwert einer der Größe nach geordneten Messwertreihe $x_1 \leq x_2 \leq \ldots \leq x_n$ heißt **p-tes Perzentil**, wenn mindestens p % der Messwerte kleiner oder gleich diesem Messwert und mindestens $(100-p)$ % der Messwerte größer oder gleich diesem Messwert sind. Gibt es zwei verschieden große Messwerte mit dieser Eigenschaft, so nennt man das arithmetische Mittel dieser Messwerte p-tes Perzentil.

Das 50. Perzentil, also derjenige Wert, der in der Mitte der Rangreihe liegt, heißt **Median** oder **Zentralwert** der Messreihe und wird mit $\tilde{x}$ (gelesen: „x Schlange") bezeichnet. Bei ungeradem Stichprobenumfang ($n = 2m - 1$) ist $\tilde{x} = x_m$, bei geradem Stichprobenumfang ($n = 2m$) ist $\tilde{x} = \frac{1}{2}(x_m + x_{m+1})$.

Minimaleigenschaften von Mittelwert und Median

- Das arithmetische Mittel $\bar{x}$ minimiert die Summe

$$f(c) = \sum_{i=1}^{n}(x_i - c)^2$$

der quadrierten Abweichungen, d. h. $\sum_{i=1}^{n}(x_i - \bar{x})^2$ ist minimal.

- Der Median $\tilde{x}$ minimiert die Summe

$$g(c) = \sum_{i=1}^{n}|x_i - c|$$

der absoluten Abweichungen, d. h. $\sum_{i=1}^{n}|x_i - \tilde{x}|$ ist minimal.

Grundlagen

Wahrscheinlicheiten

Wahrscheinlichkeitsfunktionen

Eine Funktion P, die jedem Ereignis $A \subseteq S$ eine reelle Zahl $P(A)$ als **Wahrscheinlichkeit** zuordnet, heißt **Wahrscheinlichkeitsfunktion**, wenn die folgenden Gesetze (Kolmogorow-Axiome) erfüllt sind:

$P(A) \geq 0$ (Nichtnegativität);
$P(S) = 1$ (Normiertheit);
$P(A \cup B) = P(A) + P(B)$, wenn $A \cap B = \emptyset$ ist (Additivität).

Bei einer großen Zahl von Versuchen (Wiederholungen des Zufallsexperiments) können die relativen Häufigkeiten als **Schätzwerte** für die Wahrscheinlichkeiten aufgefasst werden.

Folgerungen aus den Axiomen

- Für jedes Ergebnis e_i gilt [1]: $\quad 0 \leq P(e_i) \leq 1$.
- $P(\emptyset) = 0$
- Ist $A = \{e_i, e_k, \ldots, e_r\}$, so gilt $P(A) = P(e_i) + P(e_k) + \cdots + P(e_r)$, insbesondere für $S = \{e_1, e_2, \ldots, e_s\}$: $P(S) = P(e_1) + P(e_2) + \cdots + P(e_s) = 1$.
- $P(A) + P(\overline{A}) = 1$, also $P(\overline{A}) = 1 - P(A)$
- $P(A \cup B) = P(A) + P(B) - P(A \cap B)$ $\quad$ (für alle $A, B \subseteq S$)

Laplace-Experimente

Ein Zufallsexperiment mit $S = \{e_1, e_2, \ldots, e_s\}$ heißt **Laplace-Experiment** genau dann, wenn alle Ergebnisse e_i **gleichwahrscheinlich** sind, wenn also gilt: $P(e_1) = \ldots = P(e_s) = p = \frac{1}{s}$.

Für jedes Ereignis $A \subseteq S$ gilt dann:

$$P(A) = \frac{\text{Anzahl der für } A \text{ günstigen Ergebnisse}}{\text{Anzahl aller möglichen Ergebnisse}}.$$

Bedingte Wahrscheinlichkeiten

Definition

Für zwei Ereignisse $A, B \subseteq S$ mit $P(B) \neq 0$ versteht man unter der **bedingten Wahrscheinlichkeit von A unter der Bedingung B** die Zahl

$$P(A|B) = \frac{P(A \cap B)}{P(B)}. \quad \text{(Anstelle von } P(A|B) \text{ schreibt man auch } P_B(A).)$$

Multiplikationssätze

- Für zwei Ereignisse $A, B \subseteq S$ gilt: $\quad P(A \cap B) = P(A) \cdot P(B|A) = P(B) \cdot P(A|B)$.
- Für drei Ereignisse $A, B, C \subseteq S$ gilt: $P(A \cap B \cap C) = P(A) \cdot P(B|A) \cdot P(C|A \cap B)$.
$\quad$ (mit zwei zyklischen Vertauschungen)

---

[1] Zur Abkürzung wird im Folgenden $P(e_i)$ anstelle von $P(\{e_i\})$ geschrieben.

Grundlagen

Sätze zu bedingten Wahrscheinlichkeiten

Die Ergebnismenge S sei in paarweise unvereinbare Teilmengen (Ereignisse) $B_1, B_2, \ldots, B_m$ zerlegt: $B_1 \cup B_2 \cup B_3 \cup \ldots \cup B_m = S$ und $B_i \cap B_k = \emptyset$ (für $i \neq k$; $i, k = 1, 2, \ldots, m$).
Dann gelten für ein Ereignis $A \subseteq S$ folgende Sätze:

- **Satz von der totalen Wahrscheinlichkeit**
$$P(A) = P(B_1)P(A|B_1) + P(B_2)P(A|B_2) + \cdots + P(B_m)P(A|B_m) = \sum_{i=1}^{m} P(B_i)P(A|B_i)$$

- **Satz von Bayes**
$$P(B_k|A) = \frac{P(B_k \cap A)}{P(A)} = \frac{P(B_k) \cdot P(A|B_k)}{P(A)} = \frac{P(B_k) \cdot P(A|B_k)}{\sum_{i=1}^{m} P(B_i)P(A|B_i)} \quad \text{(für } k = 1, 2, \ldots, m\text{)}$$

Anwendung des Satzes von Bayes

Ein Test, der zur Entscheidung zwischen mehreren Hypothesen $H_1, H_2, \ldots, H_m$ durchgeführt wird, habe das Ergebnis D („Datum", „Indiz"). Sind für jede Hypothese H_k die **hypothetische Wahrsheinlichkeit** („likelihood") $P(D|H_k)$ (also die Wahrscheinlichkeit von D unter der Annahme, die Hypothese H_k träfe zu) und die sogenannten **A-priori-Wahrscheinlichkeiten** $P(H_1), P(H_2), \ldots, P(H_m)$ bekannt, so kann man nach dem Satz von Bayes daraus die **A-posteriori-Wahrscheinlichkeiten** $P(H_k|D)$ (für $k = 1, 2, \ldots, m$) berechnen:

$$P(H_k|D) = \frac{P(H_k \cap D)}{P(D)} = \frac{P(H_k) \cdot P(D|H_k)}{P(D)} = \frac{P(H_k) \cdot P(D|H_k)}{\sum_{i=1}^{m} P(H_i)P(D|H_i)}.$$

Hinweis: Die ermittelten Wahrscheinlichkeiten $P(H_1|D), \ldots, P(H_m|D)$ können in einem weiteren Test als A-priori-Wahrscheinlichkeiten $P(H_1), \ldots, P(H_m)$ verwendet werden.

Die Unabhängigkeit von Ereignissen

Definition

Zwei Ereignisse $A, B \subseteq S$ heißen (stochastisch) **unabhängig** genau dann, wenn gilt:

$P(A \cap B) = P(A) \cdot P(B)$.

Andernfalls heißen sie (stochastisch) **abhängig**.

Satz

Sind zwei Ereignisse $A, B \subseteq S$ voneinander unabhängig, so gilt

$P(A|B) = P(A)$, wenn $P(B) > 0$, und $P(B|A) = P(B)$, wenn $P(A) > 0$ ist.

Abhängigkeit und Vereinbarkeit

Für zwei Ereignisse $A, B \subseteq S$ sei $P(A) > 0$ und $P(B) > 0$; dann gilt:
- Sind A, B unvereinbar, so sind sie voneinander abhängig.
- Sind A, B unabhängig, so sind sie miteinander vereinbar.

Mehrstufige Zufallsexperimente. Kombinatorik

Die Produktregel der Kombinatorik

Mehrstufige Zufallsexperimente

Kommt das Ergebnis eines Zufallsexperimentes durch mehrere Vorgänge zustande (z. B. durch zweimaliges Würfeln, durch Werfen von drei Münzen, durch Ziehen von 10 Karten aus einem Skatspiel), so kann man die Ergebnisse durch Paare, Tripel, ..., k-Tupel erfassen.

Ein solches **mehrstufiges Zufallsexperiment** lässt sich durch einen **Ergebnisbaum** (ein **Baumdiagramm**) darstellen.

Beispiel:
Zum zweimaligen Werfen einer Münze mit den Seiten Wappen (W) und Zahl (Z) gehört die Ergebnismenge
$S = \{(W|W); (W|Z); (Z|W); (Z|Z)\}$
und der nebenstehende Ergebnisbaum.

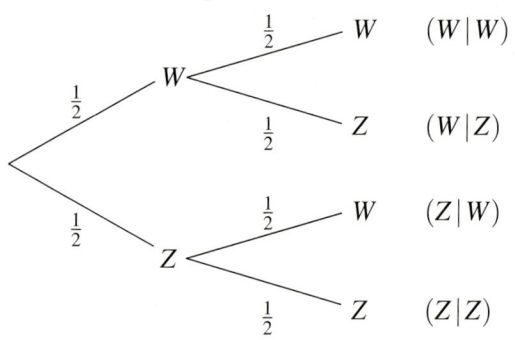

Anzahl der Ergebnisse eines k-stufigen Zufallsexperimentes

Ein k-Tupel als Ergebnis eines k-stufigen Zufallsexperimentes kann man sich durch Ziehungen von Losen aus k „Urnen" entstanden denken. Enthält dabei die erste Urne n_1 Lose, die zweite n_2 Lose, ..., die k-te Urne n_k Lose, so gilt für die Anzahl n der möglichen Ergebnisse (k-Tupel)

$n = n_1 \cdot n_2 \cdot \ldots \cdot n_k$ (**allgemeines Zählprinzip**).

Stichproben

Unterscheidungen bei Stichproben

Aus einer Urne mit n Losen (einer „n-Menge") werden nacheinander k Lose gezogen; man erhält eine **Stichprobe vom Umfang k** ($k \leq n$). Man unterscheidet
- Stichproben **mit** oder **ohne Zurücklegen (Wiederholung)**;
- **geordnete Stichproben** (k-Tupel) oder **nicht geordnete Stichproben**.

Anzahl möglicher Stichproben vom Umfang k ($k \leq n$)

n Elemente, k Ziehungen	mit Wiederholung	ohne Wiederholung
geordnet (k-Tupel)	n^k	$\dfrac{n!}{(n-k)!}$ Sonderfall $k = n$: $n!$ Permutationen
ungeordnet	$\dbinom{n}{k} = \dfrac{n!}{k!(n-k)!}$ (k-Teilmengen aus n-Menge)	$\dbinom{n+k-1}{k} = \dfrac{(n+k-1)!}{k!(n-k)!}$

k-Tupel mit festgelegter Wiederholung der einzelnen Elemente

Die Anzahl der k-Tupel aus einer n-Menge, bei denen das i-te Element der Menge k_i-mal $(i = 1, 2, \ldots, n)$ vorkommt, beträgt

$$\frac{k!}{k_1! \cdot k_2! \cdot \ldots \cdot k_n!} \quad (\text{mit } k_1 + k_2 + \cdots + k_n = k).$$

Permutationen

- Anzahl der n-Permutationen von n Elementen: $n!$
- Anzahl der k-Permutationen von n Elementen: $\dfrac{n!}{(n-k)!} \quad (k \leq n)$
- Anzahl der k-Permutationen von n Elementen, von denen je $k_1, k_2, \ldots, k_n$ ununterscheidbar sind: $\dfrac{k!}{k_1! \cdot k_2! \cdot \ldots \cdot k_n!} \quad (\text{mit } k_1 + k_2 + \cdots + k_n = k)$

Umkehrung des Urnenmodells

- Anzahl der Möglichkeiten, k Kugeln auf n Fächer (Urnen) beliebig zu verteilen: n^k
- Anzahl der Möglichkeiten, n Dinge auf n Plätze zu verteilen: $n!$
- Anzahl der Möglichkeiten, k Dinge auf n Plätze zu verteilen: $\dfrac{n!}{(n-k)!} \quad (k \leq n)$

Pfadregeln für mehrstufige Zufallsexperimente

Erste Pfadregel

Die Wahrscheinlichkeit eines Ergebnisses in einem mehrstufigen Zufallsexperiment ist gleich dem Produkt der Wahrscheinlichkeiten der Teilstrecken (Pfade), die im Ergebnisbaum (Baumdiagramm) zu diesem Ergebnis führen.

Zweite Pfadregel

Die Wahrscheinlichkeit eines Ereignisses in einem mehrstufigen Zufallsexperiment ist gleich der Summe der Wahrscheinlichkeiten der Ergebnisse, die zu diesem Ereignis gehören (und somit nach der ersten Pfadregel bestimmt werden können).

Beispiel zur Anwendung der Pfadregeln

In einer Urne befinden sich 2 weiße und 3 rote Kugeln. Wie groß ist die Wahrscheinlichkeit, bei zweimaligem Ziehen (ohne Zurücklegen) zwei gleichfarbige Kugeln zu ziehen?

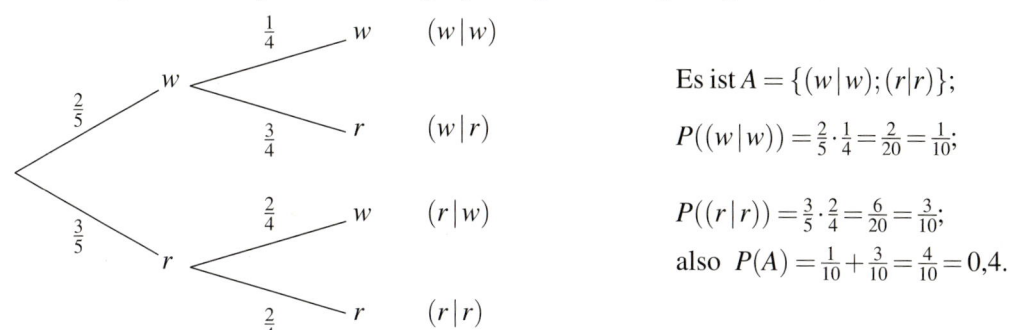

Es ist $A = \{(w|w); (r|r)\}$;

$P((w|w)) = \frac{2}{5} \cdot \frac{1}{4} = \frac{2}{20} = \frac{1}{10}$;

$P((r|r)) = \frac{3}{5} \cdot \frac{2}{4} = \frac{6}{20} = \frac{3}{10}$;

also $P(A) = \frac{1}{10} + \frac{3}{10} = \frac{4}{10} = 0{,}4$.

Zufallsgrößen (Zufallsvariablen)

Empirische Häufigkeits- und empirische Verteilungsfunktion

Zufallsgrößen

Unter einer **Zufallsgröße (Zufallsvariable)** eines Zufallsexperimentes versteht man eine Funktion X, die jedem Ergebnis $e_k \in S$ ($k = 1, 2, \ldots, s$) eine Zahl $X(e_k)$ zuordnet:

$X: \quad e_k \mapsto X(e_k) \quad$ (für $k = 1, 2, \ldots, s$).

Die Elemente der Wertemenge $W(X)$ werden mit $x_1, x_2, \ldots, x_m$ bezeichnet und meist der Größe nach geordnet: $x_1 < x_2 < \ldots < x_m$.
Sind die Ergebnisse eines Zufallsexperimentes **Zahlen**, so können diese selbst als Werte einer Zufallsgröße X aufgefasst werden: $x_k = e_k$; dann gilt: $X(x_k) = x_k$ (für $k = 1, 2, \ldots, s = m$).
X ist in diesem Fall die **identische Funktion** über der Menge S; es gilt: $D(X) = W(X) = S$.

Besondere Ereignisse

Die Ergebnisse e_k, denen der **gleiche** Wert x_i zugeordnet ist,
bilden das Ereignis $\{X = x_i\} = \{e_k \mid X(e_k) = x_i\}$ (für $i = 1, 2, \ldots, m$).

Die Ergebnisse e_k, denen ein Wert $X(e_k)$ mit $X(e_k) \leq x_i$ zugeordnet ist,
bilden das Ereignis $\{X \leq x_i\} = \{e_k \mid X(e_k) \leq x_i\}$ (für $i = 1, 2, \ldots, m$).

Empirische Häufigkeitsfunktion einer Zufallsgröße X

Darunter versteht man die Funktion h, die bei einer Durchführung des Zufallsexperimentes jedem $x_i \in W(X)$ die Häufigkeit $h(x_i) = h(X = x_i)$ zuordnet.

Empirische Verteilungsfunktion einer Zufallsgröße X

Darunter versteht man die Funktion H, die bei einer Durchführung des Zufallsexperimentes jedem $x_i \in W(X)$ die Häufigkeit $H(x_i) = h(X \leq x_i)$ zuordnet.
Sind die Elemente von $W(X)$ der Größe nach geordnet ($x_1 < x_2 < \ldots < x_m$), so gilt
$H(x_i) = h(x_1) + h(x_2) + \cdots + h(x_i)$ (für $i = 1, 2, \ldots, m$) und $H(x_m) = h(x_1) + \cdots + h(x_m) = 1$.
Man nennt H auch die kumulierte empirische Verteilungsfunktion der Zufallsgröße X.

Charakteristische Zahlen einer Zufallsgröße (I)

Mittelwert. Varianz. Standardabweichung

Ein Wert $x_i \in W(X)$ trete bei einem Zufallsexperiment (einer Stichprobe) mit der Häufigkeit $h(x_i)$ auf. Dann bezeichnet man ($\triangleright$ Seite 72)

- die Zahl $\bar{x} = \sum_{i=1}^{m} x_i h(x_i)$ als den **Mittelwert** oder das **arithmetische Mittel** der Stichprobe,
- die Zahl $s^2(X) = \sum_{i=1}^{m} (x_i - \bar{x})^2 h(x_i)$ als die **empirische Varianz** der Stichprobe,
- die Zahl $s(X) = \sqrt{s^2(X)} = \sqrt{\sum_{i=1}^{m} (x_i - \bar{x})^2 h(x_i)}$ als die **empirische Standardabweichung** oder **empirische Streuung** der Stichprobe. Es gilt: $\quad s^2(X) = \sum_{i=1}^{m} x_i^2 h(x_i) - \bar{x}^2$.

Zufallsgrößen (Zufallsvariablen)

Lineare Transformation einer Zufallsgröße

Werden die Zahlen $x_i \in W(X)$ einer linearen Transformation nach der Gleichung $y_i = ax_i + b$ (mit $a, b \in \mathbb{R}$) unterworfen, so gehören die Zahlen y_i als Werte zu einer Zufallsgröße Y, die man mit $Y = aX + b$ bezeichnet. Für die charakteristischen Zahlen von Y gilt dann:
$\bar{y} = a\bar{x} + b$, $s^2(Y) = a^2 \cdot s(X)$ und $s(Y) = |a| \cdot s(X)$.

Wahrscheinlichkeitsfunktion und Verteilungsfunktion einer Zufallsgröße

Wahrscheinlichkeitsfunktion einer Zufallsgröße X

Darunter versteht man die Funktion p, die jeder Zahl $x_i \in W(X)$ die Wahrscheinlichkeit $p(x_i) = P(X = x_i)$ zuordnet.

Verteilungsfunktion einer Zufallsgröße X

Darunter versteht man die Funktion F, die jeder Zahl $x_i \in W(X)$ die Wahrscheinlichkeit $F(x_i) = P(X \leq x_i)$ zuordnet.
Sind die Elemente von $W(X)$ der Größe nach geordnet ($x_1 < x_2 < \ldots < x_m$), so gilt
$F(x_i) = p(x_1) + p(x_2) + \cdots + p(x_i)$ (für $i = 1, 2, \ldots, m$) und $F(x_m) = p(x_1) + \cdots + p(x_m) = 1$.
Man nennt F auch die **kumulierte Wahrscheinlichkeitsfunktion der Zufallsgröße X**.
Ferner gilt: $P(X > x_i) = 1 - P(X \leq x_i) = 1 - F(x_i)$ und $P(x_i \leq X \leq x_k) = F(x_k) - F(x_i)$.

Charakteristische Zahlen einer Zufallsgröße (II)

Erwartungswert. Varianz. Standardabweichung

Nimmt eine Zufallsgröße X die Werte x_i mit der Wahrscheinlichkeit $p(x_i)$ an, dann heißt
- die Zahl $E(X) = \sum_{i=1}^{m} x_i p(x_i)$ der **Erwartungswert von X**, häufig abgekürzt mit μ;
- die Zahl $V(X) = \sum_{i=1}^{m} (x_i - \mu)^2 p(x_i)$ die **Varianz von X**, häufig abgekürzt mit σ^2;
- die Zahl $\sigma(X) = \sqrt{V(X)} = \sqrt{\sum_{i=1}^{m}(x_i - \mu)^2 p(x_i)}$ die **Standardabweichung von X** oder **Streuung von X**, abgekürzt: σ. Es gilt: $V(X) = E\left((X - \mu)^2\right) = E(X^2) - \mu^2$.

Lineare Transformation einer Zufallsgröße

- Bei einer linearen Transformation der Zufallsgröße X gemäß $Y = aX + b$ (mit $a, b \in \mathbb{R}$) gilt:
  $E(aX + b) = aE(X) + b$, $V(aX + b) = a^2 \cdot V(X)$ und $\sigma(aX + b) = |a| \cdot \sigma(X)$.
- Für jede Zufallsgröße X mit dem Erwartungswert $\mu = E(X)$ gilt: $E(X - \mu) = 0$.

Standardisierte Zufallsgröße

Für eine Zufallsgröße X mit dem Erwartungswert $\mu = E(X)$ und der Standardabweichung $\sigma = \sigma(X)$ heißt die Zufallsgröße Z mit $Z = \dfrac{X - \mu}{\sigma}$, also $z_i = \dfrac{x_i - \mu}{\sigma}$ für $i = 1, 2, \ldots, m$),
„die zu X gehörende **standardisierte** (normierte) Zufallsgröße".
Es gilt: $E(Z) = 0$ und $V(Z) = \sigma(Z) = 1$.

Bernoulli-Experimente. Binomialverteilungen

Die Ungleichungen von Tschebyschew

Für eine Zufallsgröße X mit dem Erwartungswert $E(X) = \mu$ und der Varianz $V(X) = \sigma^2$ gilt für jede Zahl $a > 0$: $\quad P(|X - \mu| \geq a) \leq \dfrac{\sigma^2}{a^2}\quad$ und $\quad P(|X - \mu| < a) \geq 1 - \dfrac{\sigma^2}{a^2}$.

Mit $a = k \cdot \sigma$, $k > 0$, gilt also: $\quad P(|X - \mu| \geq k\sigma) \leq \dfrac{1}{k^2}\quad$ und $\quad P(|X - \mu| < k\sigma) \geq 1 - \dfrac{1}{k^2}$.

Summe und Produkt von Zufallsgrößen

■ Sind X und Y Zufallsgrößen mit $W(X) = \{x_1, x_2, \ldots, x_m\}$ und $W(Y) = \{y_1, y_2, \ldots, y_n\}$, so ist $Z = X + Y$ ($Z = X \cdot Y$) die Zufallsgröße, die jedem Paar $(x_i | y_k)$ die Summe $z_l = x_i + y_k$ (das Produkt $z_l = x_i \cdot y_k$) zuordnet.

■ Für zwei Zufallsgrößen X, Y mit den Erwartungswerten $E(X)$ bzw. $E(Y)$ gilt:
$E(X + Y) = E(X) + E(Y)$.

■ Für zwei unabhängige Zufallsgrößen X, Y mit den Erwartungswerten $E(X)$ bzw. $E(Y)$ gilt:
$E(X \cdot Y) = E(X) \cdot E(Y)$.

Bernoulli-Experimente. Binomialverteilungen

Bernoulli-Experimente

Definition

Ein Zufallsexperiment, bei dem nur zwei Ereignisse E und $\overline{E}$ betrachtet werden, heißt **Bernoulli-Experiment**. Die Wahrscheinlichkeiten für E bzw. $\overline{E}$ bezeichnet man kurz mit p bzw. q:
$p = P(E)$ und $q = P(\overline{E})$ mit $p + q = 1$.

Bernoulli-Kette

Wird ein Bernoulliexperiment n-mal so wiederholt, dass die einzelnen Versuche voneinander unabhängig sind, so spricht man von einer **Bernoulli-Kette** der Länge n.

Sätze zu Bernoulli-Ketten

■ Die Wahrscheinlichkeit für das Ereignis A, dass bei einer Bernoulli-Kette der Länge n wenigstens einmal das Ereignis E eintritt, ist $P(A) = 1 - q^n = 1 - (1 - p)^n$.

■ Die Wahrscheinlichkeit für das Ereignis B, dass bei einer Bernoulli-Kette der Länge n wenigstens einmal das Ereignis $\overline{E}$ eintritt, ist $P(B) = 1 - p^n$.

■ Die Wahrscheinlichkeit dafür, dass bei einer Bernoulli-Kette der Länge n **genau** k-mal das Ereignis E eintritt, ist

$P(X = k) = B(n; p; k) = \binom{n}{k} \cdot p^k \cdot (1 - p)^{n-k}$ (für $k = 0, 1, 2, \ldots, n$).

Die Wahrscheinlichkeitsfunktion B heißt **Binomialfunktion** oder **Binomialverteilung** mit den Parametern n und p.

Bernoulli-Experimente. Binomialverteilungen

■ Es gilt folgende Rekursionsformel:
$$P(X=k) = \frac{(n-k+1)p}{k(1-p)} \cdot P(X=k-1), \quad \text{also} \quad B(n;p;k) = \frac{(n-k+1)p}{k(1-p)} \cdot B(n;p;k-1)$$
mit $P(X=0) = B(n;p;0) = (1-p)^n$.

■ Die Wahrscheinlichkeit dafür, dass bei einer Bernoulli-Kette der Länge n **höchstens** k-mal das Ereignis E eintritt, ist
$$P(X \leq k) = F(n;p;k) = \sum_{i=0}^{k} B(n;p;i) = \sum_{i=0}^{k} \binom{n}{i} \cdot p^i \cdot (1-p)^{n-i}.$$
Die Funktion F heißt **kumulierte Binomialverteilung** mit den Parametern n und p. Es gilt:
$$P(X<k) = F(n;p;k-1), \quad P(X>k) = 1 - F(n;p;k) \quad \text{und} \quad P(X \geq k) = 1 - F(n;p;k-1).$$

Binomialverteilte Zufallsgrößen

Definition

Eine Zufallsgröße X mit $W(X) = \{0;1;2;\ldots;n\}$ heißt **binomialverteilt** genau dann, wenn die zugehörige Wahrscheinlichkeitsfunktion die Binomialfunktion (Binomialverteilung) ist.

Maßzahlen bei binomialverteilten Zufallsgrößen

Erwartungswert: $E(X) = np$
Varianz: $V(X) = np(1-p)$
Standardabweichung (Streuung): $\sigma(X) = \sqrt{np(1-p)}$

Die Ungleichungen von Tschebyschew für binomialverteilte Zufallsgrößen

Bei einer binomialverteilten Zufallsgröße X (einer Bernoulli-Kette der Länge n) sei $\overline{X} = \frac{1}{n}X$ die relative Häufigkeit des Ereignisses E mit $P(E) = p$. Dann gilt für jede Zahl $a > 0$:

■ $P(|\overline{X} - p| \geq a) \leq \dfrac{p(1-p)}{na^2}$;

■ $P(|\overline{X} - p| < a) \geq 1 - \dfrac{p(1-p)}{na^2}$;

■ $\lim\limits_{n \to \infty} P(|\overline{X} - p| < a) = 1$ (**Bernoulli'sches Gesetz der großen Zahlen**).

σ-Ungleichungen bei binomialverteilten Zufallsgrößen

Bei einer binomialverteilten Zufallsgröße X gelte für die Varianz die **Laplace-Bedingung**:
$$\sigma^2 = np(1-p) > 9.$$

Dann fallen die Werte von X mit der Wahrscheinlichkeit γ in das Intervall $[np - c_\gamma \sigma; np + c_\gamma \sigma]$. Die Werte von $\overline{X} = \frac{1}{n}X$ fallen mit der Wahrscheinlichkeit γ in das Intervall $[p - c_\gamma \frac{\sigma}{n}; p + c_\gamma \frac{\sigma}{n}]$.

Mit der Wahrscheinlichkeit γ gilt also $|X - np| \leq c_\gamma \sigma$ und $|\overline{X} - p| \leq c_\gamma \frac{\sigma}{n}$.

Die Tabelle enthält die gebräuchlichen Wahrscheinlichkeiten γ und die zugehörigen Werte von c_γ.

γ	0,68	0,90	0,95	0,955	0,99	0,997
c_γ	1	1,64	1,96	2	2,58	3

Stetige Zufallsgrößen. Normalverteilung

Stetige Zufallsgrößen

Definition

Eine Zufallsgröße X heißt **stetig** genau dann, wenn es eine Funktion f gibt mit den Eigenschaften
$f(x) \geq 0$ für alle $x \in \mathbb{R}$, $P(X \leq x) = \int\limits_{-\infty}^{x} f(t)\,dt$ und $\int\limits_{-\infty}^{\infty} f(t)\,dt = 1$.

Die Funktion f heißt **Wahrscheinlichkeitsdichte** oder **Dichtefunktion der Zufallsgröße X**.

Verteilungsfunktion der Zufallsgröße X

Darunter versteht man die Funktion F zu $F(x) = P(X \leq x) = \int\limits_{-\infty}^{x} f(t)\,dt$.

Es gilt $P(X > x) = 1 - F(X) = \int\limits_{x}^{\infty} f(t)\,dt$

und $P(a \leq X \leq b) = F(b) - F(a) = \int\limits_{a}^{b} f(t)\,dt$ (für alle $a, b \in \mathbb{R}$ mit $a < b$).

Erwartungswert

$\mu = E(X) = \int\limits_{-\infty}^{\infty} x \cdot f(x)\,dx$

Es gilt: $E(aX + b) = aE(X) + b$ (für alle $a, b \in \mathbb{R}$).

Varianz

$\sigma^2 = V(X) = \int\limits_{-\infty}^{\infty} (x - \mu)^2 \cdot f(x)\,dx$

Es gilt: $V(X) = E(X^2) - E^2(X)$ und $V(aX + b) = a^2 V(X)$ (für alle $a, b \in \mathbb{R}$).

Gauß-Funktion. Normalverteilung

Gauß-Funktion φ

Darunter versteht man die Dichtefunktion φ zu

$\varphi(x) = \dfrac{1}{\sqrt{2\pi}} e^{-\frac{x^2}{2}}$ (für alle $x \in \mathbb{R}$).

Ihr Graph heißt **Gauß'sche Glockenkurve**.

Gauß'sche Verteilungsfunktion Φ (Gauß'sche Integralfunktion)

Darunter versteht man die Verteilungsfunktion Φ zu

$\Phi(x) = P(X \leq x) = \int\limits_{-\infty}^{x} \varphi(t)\,dt$, also

$\Phi(x) = \dfrac{1}{\sqrt{2\pi}} \int\limits_{-\infty}^{x} e^{-\frac{t^2}{2}}\,dt$ (für alle $x \in \mathbb{R}$).

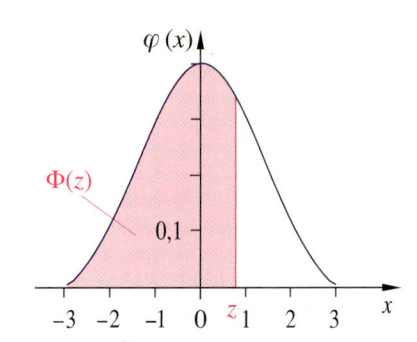

Stetige Zufallsgrößen. Normalverteilung

Normalverteilte Zufallsgrößen

Für eine Zufallsgröße X, die die Gaußfunktion φ als Dichtefunktion besitzt, gilt $E(X) = 0$ und $V(X) = 1$. Sie heißt **standard-normalverteilt**.

Eine stetige Zufallsgröße X mit dem Erwartungswert μ und der Standardabweichung σ heißt **normalverteilt** genau dann, wenn ihre Dichtefunktion gegeben ist durch

$$f(x) = \tfrac{1}{\sigma} \cdot \varphi\left(\tfrac{x-\mu}{\sigma}\right) = \tfrac{1}{\sigma \cdot \sqrt{2\pi}} e^{-\tfrac{1}{2}\left(\tfrac{x-\mu}{\sigma}\right)^2}.$$

Die zugehörige Verteilungsfunktion ist also gegeben durch

$$F(x) = \tfrac{1}{\sigma \cdot \sqrt{2\pi}} \int_{-\infty}^{x} e^{-\tfrac{1}{2}\left(\tfrac{t-\mu}{\sigma}\right)^2} dt.$$

Sätze zu normalverteilten Zufallsgrößen

Für eine normalverteilte Zufallsgröße X mit dem Erwartungswert μ und der Standardabweichung σ gilt:

- $P(X \leq x) = P(X < x) = \Phi\left(\tfrac{x-\mu}{\sigma}\right)$;
- $P(X > x) = 1 - \Phi\left(\tfrac{x-\mu}{\sigma}\right)$;
- $P(a \leq X \leq b) = \Phi\left(\tfrac{b-\mu}{\sigma}\right) - \Phi\left(\tfrac{a-\mu}{\sigma}\right)$;
- $P(|X - \mu| \leq c) = 2\Phi\left(\tfrac{c}{\sigma}\right) - 1$;
- $P(|X - \mu| > c) = 1 - P(|X - \mu| \leq c) = 2\left(1 - \Phi\left(\tfrac{c}{\sigma}\right)\right)$.

Näherungsformeln für die Binomialverteilung

Es sei X eine binomialverteilte Zufallsgröße mit dem Erwartungswert $\mu = np$ und der Varianz $\sigma^2 = np(1-p)$ und es gelte die **Laplace-Bedingung** $np(1-p) > 9$.

Lokale Näherungsformel von Moivre-Laplace

$B(n;p;k) \approx \tfrac{1}{\sigma} \cdot \varphi\left(\tfrac{k-\mu}{\sigma}\right)$

Integrale Näherungsformeln von Moivre-Laplace

- $P(a \leq X \leq b) \approx \Phi\left(\tfrac{b-\mu+0{,}5}{\sigma}\right) - \Phi\left(\tfrac{a-\mu-0{,}5}{\sigma}\right)$,
  für ausreichend große Werte von n gilt sogar: $P(a \leq X \leq b) \approx \Phi\left(\tfrac{b-\mu}{\sigma}\right) - \Phi\left(\tfrac{a-\mu}{\sigma}\right)$;
- $P(X = a) \approx \Phi\left(\tfrac{a-\mu+0{,}5}{\sigma}\right) - \Phi\left(\tfrac{a-\mu-0{,}5}{\sigma}\right)$;
- $P(X \leq a) \approx \Phi\left(\tfrac{a-\mu+0{,}5}{\sigma}\right) \approx \Phi\left(\tfrac{a-\mu}{\sigma}\right)$;
- $P(|X - np| \leq c) \approx 2\Phi\left(\tfrac{c+0{,}5}{\sigma}\right) - 1$;
- $P(|X - np| > c) \approx 2\left(1 - \Phi\left(\tfrac{c+0{,}5}{\sigma}\right)\right)$.

Der zentrale Grenzwertsatz

Sind $X_1, \ldots, X_n$ voneinander unabhängige Zufallsgrößen mit den Erwartungswerten $\mu_1, \ldots, \mu_n$, so ist die Zufallsgröße $X = X_1 + X_2 + \cdots + X_n$ unter sehr allgemeinen Bedingungen für ausreichend große Werte von n angenähert normalverteilt; es gilt:

$E(X) = \mu = \mu_1 + \mu_2 + \cdots + \mu_n$, $V(X) = \sigma^2 = \sigma_1^2 + \sigma_2^2 + \cdots + \sigma_n^2$ sowie
$P(X = x) \approx \tfrac{1}{\sigma} \cdot \varphi\left(\tfrac{x-\mu}{\sigma}\right)$ und $P(X \leq x) \approx \Phi\left(\tfrac{x-\mu}{\sigma}\right)$.

Stichproben

Kopien einer Zufallsgröße

Ein Zufallsexperiment werde n-mal so durchgeführt, dass jede Durchführung von den anderen unabhängig ist. Den Ergebnissen seien durch die Zufallsgröße X der Reihe nach die Zahlen $x_1, x_2, \ldots, x_n$ zugeordnet. Jedes x_i kann dabei aufgefasst werden als Wert einer Zufallsgröße X_i, wobei alle X_i die gleiche Wahrscheinlichkeitsfunktion haben wie X; man nennt die X_i daher **Kopien** der Zufallsgröße X.

Man kann sich vorstellen, dass sich die Zahlen $x_1, x_2, \ldots, x_n$ durch Entnahme einer **Stichprobe** aus der Grundgesamtheit (z. B. durch Ziehen von n Losen „mit Zurücklegen" aus einer Urne) ergeben. (Bei Grundgesamtheiten von sehr großem Umfang ist die Bedingung der Unabhängigkeit praktisch auch erfüllt, wenn die Stichprobe „mit einem Griff" – also ohne Zurücklegen – gezogen wird.)

Das Stichprobenmittel

Definition

Unter dem **Stichprobenmittel** $\overline{X}$ von n unabhängigen Kopien $X_1, X_2, \ldots, X_n$ einer Zufallsgröße X versteht man die Zufallsgröße $\overline{X} = \frac{1}{n} \sum_{i=1}^{n} X_i$.

Maßzahlen des Stichprobenmittels

- **Erwartungswert:** $E(\overline{X}) = E(X) = \mu$ (Man sagt: $\overline{X}$ ist **erwartungstreu**.)

- **Varianz:** $V(\overline{X}) = \frac{1}{n} V(X) = \frac{\sigma^2}{n}$

- **Standardabweichung:** $\sigma(\overline{X}) = \frac{1}{\sqrt{n}} \sigma(X)$

Sätze zum Stichprobenmittel

- Ist X normalverteilt, so ist auch $\overline{X}$ normalverteilt.
- Bei hinreichend großem Stichprobenumfang ist das Stichprobenmittel $\overline{X}$ angenähert normalverteilt.
- Die aus einer Stichprobe unabhängiger Versuche ermittelte relative Häufigkeit $h(A)$ ist ein erwartungstreuer Schätzwert für die Wahrscheinlichkeit $P(A)$.

Die Stichprobenvarianz

Unter der **Stichprobenvarianz** S^2 von n unabhängigen Kopien $X_1, X_2, \ldots, X_n$ einer Zufallsgröße X versteht man die Zufallsgröße $S^2 = \frac{1}{n-1} \sum_{i=1}^{n} (X_i - \overline{X})^2$.

Die Stichprobenvarianz S^2 hat den **Erwartungswert** $E(S^2) = V(X) = \sigma^2$; sie ist erwartungstreu bezüglich der Varianz der Zufallsgröße X.

Vertrauensintervalle

Vertrauensintervall für eine unbekannte Wahrscheinlichkeit

Definition

Zur Ermittlung eines Schätzwertes für eine unbekannte Wahrscheinlichkeit p werde eine Reihe mit n unabhängigen Versuchen durchgeführt oder einer Grundgesamtheit eine Stichprobe vom Umfang n mit dem Stichprobenmittel $\overline{X}$ entnommen.
Dann heißt ein Intervall $I_\gamma = [p_1; p_2]$ **Vertrauensintervall (Konfidenzintervall) für die unbekannte Wahrscheinlichkeit p zur Sicherheitswahrscheinlichkeit γ**, wenn p mit der Wahrscheinlichkeit γ im Intervall $[p_1; p_2]$ liegt, wenn also gilt: $P(p_1 \leq p \leq p_2) = \gamma$.
Man sagt: Im Intervall $[p_1; p_2]$ liegen alle Wahrscheinlichkeiten p, die mit dem Stichprobenergebnis „verträglich" sind.

Vertrauensintervall bei Binomialverteilung

Bei einer binomialverteilten Zufallsgröße X bestimmt man das Vertrauensintervall als **σ-Umgebung** der unbekannten Wahrscheinlichkeit p ($\triangleright$ Seite 81). Als Sicherheitswahrscheinlichkeiten sind üblich $\gamma = 0{,}95$ und $\gamma = 0{,}99$, also $c_\gamma = 1{,}96$ bzw. $c_\gamma = 2{,}58$.
Für das Stichprobenmittel $\overline{X}$ muss gelten:

$$|\overline{X} - p| \leq c_\gamma \frac{\sigma}{n} \quad \text{mit} \quad \frac{\sigma}{n} = \sqrt{\frac{p(1-p)}{n}}, \quad \text{also} \quad (\overline{X} - p)^2 \leq c_\gamma^2 \cdot \frac{p(1-p)}{n}.$$

Die Lösungsmenge dieser quadratischen Ungleichung für p ist das gesuchte Vertrauensintervall. Die Randwerte des Intervalls sind also die Lösungen p_1, p_2 der zugehörigen quadratischen Gleichung. Gilt $0{,}3 < \overline{X} < 0{,}7$, so kann zur Bestimmung von **Näherungswerten** für p_1 und p_2 auf der rechten Seite der Gleichung $p(1-p)$ durch $\overline{X}(1-\overline{X})$ ersetzt werden.

Vertrauensintervall bei Normalverteilung

Bei einer normalverteilten Zufallsgröße bestimmt man das Vertrauensintervall $[p_1; p_2]$ zu einer Sicherheitswahrscheinlichkeit γ aus den Bedingungen

$$p_1 = (n + z_\gamma^2)^{-1} \cdot \left(n\overline{X} + \tfrac{1}{2}z_\gamma^2 - z_\gamma\sqrt{R}\right) \quad \text{und} \quad p_2 = (n + z_\gamma^2)^{-1} \cdot \left(n\overline{X} + \tfrac{1}{2}z_\gamma^2 + z_\gamma\sqrt{R}\right)$$

mit $R = n\overline{X}(1-\overline{X}) + \tfrac{1}{4}z_\gamma^2$ und $\Phi(z_\gamma) = \tfrac{1}{2}(1+\gamma)$;

bei großem Stichprobenumfang $(np(1-p) > 9)$ gilt: $p_{1;2} \approx \overline{X} \mp z_\gamma \sqrt{\dfrac{\overline{X}(1-\overline{X})}{n}}$;

bei sehr großem Stichprobenumfang sogar: $p_{1;2} \approx \overline{X} \mp \dfrac{z_\gamma}{2\sqrt{n}}$.

Vertrauensintervall zu einem unbekannten Erwartungswert

Definition

Ist γ – vor der Erhebung einer Stichprobe – die Wahrscheinlichkeit, bei der Stichprobe einen Mittelwert $\overline{X}$ zu erhalten, sodass der unbekannte Erwartungswert $\mu = E(X)$ im Intervall $[\overline{X} - c_\gamma; \overline{X} + c_\gamma]$ liegt, dann heißt dieses Intervall das **Vertrauensintervall (Konfidenzintervall) für den unbekannten Erwartungswert μ zur Sicherheitswahrscheinlichkeit γ**.

Vertrauensintervall bei Normalverteilung

Ist bei einer normalverteilten Zufallsgröße X die Standardabweichung σ bekannt, dann liefert eine Stichprobe vom Umfang n mit der Sicherheitswahrscheinlichkeit γ einen Mittelwert $\overline{X}$ mit dem Vertrauensintervall $[\overline{X} - z_\gamma; \overline{X} + z_\gamma]$ für den unbekannten Erwartungswert μ, wenn $c_\gamma = \frac{\sigma}{\sqrt{n}} z_\gamma$ und $\Phi(z_\gamma) = \frac{1}{2}(1+\gamma)$ ist.

■ Ist X nicht normalverteilt, so gilt die vorstehende Aussage angenähert, wenn der Stichprobenumfang hinreichend groß ist.

■ Ist die Standardabweichung σ nicht bekannt, so gilt die vorstehende Aussage näherungsweise, wenn man bei hinreichend großem Stichprobenumfang die Zahl σ durch den aus der Stichprobe ermittelten Schätzwert s (▷ Seite 73) ersetzt.

Testen von Hypothesen

Signifikanztest zu einer unbekannten Wahrscheinlichkeit

Nullhypothese

Bei einem Test zu einer unbekannten Wahrscheinlichkeit $p = P(E)$ versucht man, durch eine **Bernoulli-Kette** (oder durch Entnahme einer Stichprobe aus einer Grundgesamtheit) eine begründete Entscheidung darüber herbeizuführen, ob mit einem vermuteten Wert p_0 ($0 \leq p_0 \leq 1$) eine sogenannte **Nullhypothese H_0** ($p = p_0$ oder $p \geq p_0$ oder $p \leq p_0$) abgelehnt (verworfen) oder nicht abgelehnt werden kann.

Ablehnungsbereich

Ist X die Zufallsgröße, die angibt, wie oft bei n Versuchen (bei einer Stichprobe vom Umfang n) das Ereignis E eingetreten ist, dann wird die Hypothese H_0 **abgelehnt**, wenn das Ergebnis X in einem **vor** der Durchführung des Tests festgelegten **Ablehnungsbereich** (Verwerfungsbereich) liegt.

Fehler 1. Art

Die Hypothese H_0 wird abgelehnt, obwohl sie wahr ist.

Die Wahrscheinlichkeit α für einen Fehler 1. Art heißt **Irrtumswahrscheinlichkeit des Tests**, die Wahrscheinlichkeit $\gamma = 1 - \alpha$ heißt **Sicherheitswahrscheinlichkeit des Tests**.

Als Werte von α sind üblich: $\alpha = 0,05$, $\alpha = 0,01$ und $\alpha = 0,001$. Man spricht von einem **Signifikanztest** auf dem 5 %-, dem 1 %- bzw. dem 1 ‰-Niveau.

Fehler 2. Art

Die Hypothese H_0 wird nicht abgelehnt, obwohl sie falsch ist.

Die Wahrscheinlichkeit für einen Fehler 2. Art wird mit β bezeichnet. Die Wahrscheinlichkeit $1 - \beta$ heißt **Trennschärfe des Tests**.

Testen von Hypothesen

Einseitiger Test

Wenn man vermutet, dass für eine unbekannte Wahrscheinlichkeit p mit einer Zahl p_0 (mit $0 \leq p_0 \leq 1$) gilt

$p < p_0$, $\qquad\qquad\qquad [p > p_0,]$

so wird man versuchen, die Nullhypothese $H_0: p = p_0$ durch einen **linksseitigen [rechtsseitigen]** Test zu widerlegen.

H_0 ist abzulehnen, wenn mit einer vor der Durchführung des Tests festgelegten Irrtumswahrscheinlichkeit α und einer sich daraus ergebenden **kritischen Zahl K_α** gilt

$X \leq K_\alpha$, $\qquad\qquad\qquad [X \geq K_\alpha,]$

wenn X also im Ablehnungsbereich

$\{0; 1; 2; \ldots; K_\alpha\}$ $\qquad\qquad [\{K_\alpha; K_\alpha + 1; K_\alpha + 2; \ldots; n\}]$

liegt. Dabei ist K_α die größte [kleinste] ganze Zahl, die der Bedingung

$P(X \leq K_\alpha) = F(n; p_0; K_\alpha) \leq \alpha$ $\qquad [P(X \geq K_\alpha) = F(n; p_0; K_\alpha - 1) \leq \alpha]$

genügt.

Wählt man $\alpha = 0{,}05$, so kann man K_α auch aus der Bedingung für die σ-Umgebung[1] von μ zur Sicherheitswahrscheinlichkeit $\gamma = 1 - 2\alpha = 0{,}90$ bestimmen, falls $\sigma = \sqrt{np_0(1-p_0)} > 3$ ist:

$K_\alpha < \mu - 1{,}64\sigma$. $\qquad\qquad [K_\alpha > \mu - 1{,}64\sigma.]$

Zweiseitiger Test

Wenn man vermutet, dass für eine unbekannte Wahrscheinlichkeit p mit einer Zahl p_0 (mit $0 \leq p_0 \leq 1$) gilt

$p \neq p_0$,

so wird man versuchen, die Nullhypothese $H_0: p = p_0$ durch einen **zweiseitigen** Test zu widerlegen.

H_0 ist abzulehnen, wenn das Testergebnis mit einer vor der Durchführung des Tests festgelegten Irrtumswahrscheinlichkeit α außerhalb des Intervalls $I_\alpha = [K_1; K_2]$ liegt. Dabei ist K_1 die größte ganze Zahl, die der Bedingung

$P(X \leq K_1) = F(n; p_0; K_1) \leq \frac{\alpha}{2}$

und K_2 die kleinste ganze Zahl, die der Bedingung

$P(X \geq K_2) = F(n; p_0; K_2 - 1) \leq \frac{\alpha}{2}$

genügt.

Wählt man $\alpha = 0{,}05$ oder $\alpha = 0{,}01$, so kann man das Intervall I_α auch als σ-Umgebung[1] von μ zur Sicherheitswahrscheinlichkeit $\gamma = 1 - \alpha$ bestimmen, falls $\sigma = \sqrt{np_0(1-p_0)} > 3$ ist:

$K_1 < \mu - c_\gamma \sigma$ und $K_2 > \mu + c_\gamma \sigma$.

Wird die Hypothese H_0 mit der Sicherheitswahrscheinlichkeit $\gamma = 0{,}95$ (also $c_\gamma = 1{,}96$) bzw. $\gamma = 0{,}99$ (also $c_\gamma = 2{,}58$) abgelehnt, so sagt man, das Testergebnis sei **signifikant** bzw. **hochsignifikant**.

---
[1] ▷ Seite 81

Test bei Normalverteilungen

Bei einer normalverteilten Zufallsgröße oder bei hinreichend großem Umfang n der Stichprobe ($np_0(1-p_0) > 9$) ist die Nullhypothese mit der Irrtumswahrscheinlichkeit α abzulehnen, wenn für das Ergebnis X gilt bei einem

- **linksseitigen Test:** $\quad X < \mu - z_\alpha \sigma - 0{,}5 \quad$ für die Zahl z_α mit $\Phi(z_\alpha) = 1 - \alpha$;

- **rechtsseitigen Test:** $\quad X > \mu + z_\alpha \sigma - 0{,}5 \quad$ für die Zahl z_α mit $\Phi(z_\alpha) = 1 - \alpha$;

- **zweiseitigen Test:** $\quad |X - \mu| > z_\alpha \sigma - 0{,}5 \quad$ für die Zahl z_α mit $\Phi(z_\alpha) = 1 - \dfrac{\alpha}{2}$.

Signifikanztest zu einem unbekannten Erwartungswert

Bei Normalverteilungen

Bei einer normalverteilten Zufallsgröße X mit den Parametern μ und σ kann für eine vorgegebene Zahl μ_0 die Nullhypothese $H_0: \mu = \mu_0$ aufgrund einer Stichprobe mit dem Umfang n und dem Mittelwert $\overline{X}$ bei einer zugelassenen Irrtumswahrscheinlichkeit α (für den Fehler 1. Art) abgelehnt werden, wenn für das Ergebnis $\overline{X}$ gilt bei einem

- **linksseitigen Test:** $\quad \overline{X} < \mu_0 - \dfrac{\sigma}{\sqrt{n}} \cdot z_\alpha \quad$ für die Zahl z_α mit $\Phi(z_\alpha) = 1 - \alpha$;

- **rechtsseitigen Test:** $\quad \overline{X} > \mu_0 + \dfrac{\sigma}{\sqrt{n}} \cdot z_\alpha \quad$ für die Zahl z_α mit $\Phi(z_\alpha) = 1 - \alpha$;

- **zweiseitigen Test:** $\quad |\overline{X} - \mu_0| > \dfrac{\sigma}{\sqrt{n}} \cdot z_\alpha \quad$ für die Zahl z_α mit $\Phi(z_\alpha) = 1 - \dfrac{\alpha}{2}$.

Ist die Standardabweichung σ nicht bekannt, so kann sie bei hinreichend großem Stichprobenumfang (etwa $n \geq 100$) durch die aus der Stichprobe ermittelten Zahl s (▷ Seite 73) ersetzt werden.

Bemerkungen

- Ob bei einem Signifikanztest ein linksseitiger, ein rechtsseitiger oder ein zweiseitiger Test durchzuführen ist, hängt nicht nur vom betreffenden Sachverhalt, sondern auch von der Interessenlage des Auftraggebers ab (z. B. Produzent – Abnehmer, Käufer – Verkäufer, usw.).

- Durch einen Signifikanztest kann eine Hypothese H_0 auf dem gewählten Signifikanzniveau nur abgelehnt oder nicht abgelehnt, nicht aber bestätigt werden. Die Hypothese wird abgelehnt, wenn das Testergebnis X bei Zutreffen der Hypothese sehr unwahrscheinlich ist. Wird die Hypothese nicht abgelehnt, so ist das Testergebnis X mit der Gegenhypothese verträglich; man weiß aber nicht, wie wahrscheinlich das Zutreffen der Gegenhypothese ist.

Tabellen

Tabelle 1: Zufallsziffern

1537	0989	4662	0955	2435	8914	1829	6570	5477	5902	8194	7405	2652
2709	0674	0989	2720	1833	9476	7267	7243	1415	4378	1542	0735	1646
7354	6737	4295	1530	4602	5405	8504	1407	2411	2214	7205	8300	3833
2766	4722	5641	6784	2628	3988	0652	3862	6474	6462	4419	7434	6790
4024	0438	0493	9205	1732	7730	5933	5410	2102	9915	3875	6306	4409
8339	5352	1067	1301	5003	3543	2373	7859	6570	6940	8798	6504	4627
1358	6439	4827	4457	4805	6165	8873	6794	0439	7266	1384	2925	2761
3152	3621	0740	4114	2157	1470	5291	7450	2609	1181	1739	4840	6362
1068	7057	2105	0861	0697	4785	3064	3734	1580	6209	0833	3246	3620
4768	1322	4378	9825	8222	5424	4378	1280	2836	3792	2832	1184	6137
1810	7823	3301	0249	2283	2691	3406	5753	4098	9246	5104	4159	5702
8619	3874	8528	3637	9956	1378	5750	9379	0621	4531	2968	1846	2194
6239	5409	0580	4883	7239	1805	8594	6501	7175	0055	4706	7173	2352
0285	6598	9645	9799	4553	1556	1429	2200	4439	6300	3286	2346	1647
2259	1326	0633	2616	1597	3846	5477	1610	9267	9920	4249	4170	1431
4684	2567	8353	2132	1354	5171	8134	6285	1809	2513	2830	3327	9715
5198	9162	1472	4353	3631	4398	9910	1400	1263	9310	7902	2290	0927
8861	4302	0312	8138	1747	4234	3621	1962	4543	7525	6230	3973	7266
0433	3799	5333	1338	9334	1508	2573	1722	6375	1206	3211	1003	3335
0565	3237	1085	6713	1636	4684	6170	1281	5726	4020	7576	1654	0862
1829	2191	1779	1272	2931	8667	1331	3757	4819	9294	1395	6532	2861
0517	0159	4114	9426	3955	0364	4096	7047	2059	2654	1636	1132	0980
6106	7566	6730	4350	5331	4490	7179	4362	0757	0835	3001	8932	8380
3500	3402	5650	0167	2981	3393	9604	8054	8846	3655	2631	2672	8624
9275	2449	1412	6333	2559	7816	3223	4155	7291	6157	4235	3156	5778
2733	5441	7744	1419	0074	0211	2938	1019	1226	5295	4885	3174	6169
5572	5470	5742	2422	4676	4368	8329	4198	7286	5138	1877	1777	4605
9707	5855	6531	3079	2735	4969	2263	0657	9397	5129	3990	2959	6124
9634	3756	7742	0082	1265	5846	0017	5556	0053	0647	0074	0511	0831
5990	8169	1528	3532	3592	0801	2054	1929	5732	9350	1537	3957	1604
5776	1411	8210	0498	3854	3636	1986	7355	7385	6592	7768	1832	1336
0486	1938	7681	4653	8961	8284	3866	1101	0928	4072	2550	8930	7657
1041	3157	7939	8159	1382	1616	8677	5519	1663	6530	5241	4205	5384
5920	2676	2314	8660	1179	0150	5635	5269	3629	1275	3276	3905	1621
0606	3892	5570	8433	0982	6246	1480	8994	5230	0695	8923	1219	2939
4346	2755	3998	4789	2990	1271	9003	0681	0070	7413	1198	3025	7055
1886	8151	2654	1979	3828	5843	5441	3140	3937	2309	5474	4654	3024
7725	7187	2557	0372	5732	2194	7294	2941	2132	1769	1807	5250	6103
0813	7170	7369	3445	2257	9381	3510	1920	7913	1141	2483	0675	0286
7085	5833	1606	2469	2065	1127	5715	4011	2476	6027	3255	2437	2234
1221	0053	2208	7911	0333	2876	5098	4401	8517	3983	7466	2966	0431
1537	4275	1914	1925	3778	5650	1310	8392	4109	4173	6125	6151	6395
6154	3338	0657	0385	3481	1583	0489	0081	1265	7807	5111	1594	3572
7486	2985	3596	2377	3506	1340	2159	0190	4417	5883	3843	9732	6218
8911	2881	1595	5987	0341	4286	2847	6785	3977	2618	6635	2210	6235
2981	1486	7265	8593	3418	1105	5581	0258	6342	3589	2439	8720	5657
1956	7251	5447	2229	7304	1497	1259	6352	7640	3488	2362	7535	6886
7048	8502	9005	2775	7713	3681	1725	4440	0870	5423	0295	1004	1145

Tabellen

Tabelle 2: Binomialverteilung

$$B(n; p; k) = \binom{n}{k} p^k (1-p)^{n-k}$$

n	k	0,02	0,03	0,04	0,05	0,10	1/6	0,20	0,25	0,30	1/3	0,40	0,50		n
2	0	0,9604	9409	9216	9025	8100	6944	6400	5625	4900	4444	3600	2500	2	2
	1	0392	0582	0768	0950	1800	2778	3200	3750	4200	4444	4800	5000	1	
	2	0004	0009	0016	0025	0100	0278	0400	0625	0900	1111	1600	2500	0	
3	0	0,9412	9127	8847	8574	7290	5787	5120	4219	3430	2963	2160	1250	3	3
	1	0576	0847	1106	1354	2430	3472	3840	4219	4410	4444	4320	3750	2	
	2	0012	0026	0046	0071	0270	0694	0960	1406	1890	2222	2880	3750	1	
	3			0001	0001	0010	0046	0080	0156	0270	0370	0640	1250	0	
4	0	0,9224	8853	8493	8145	6561	4823	4096	3164	2401	1975	1296	0625	4	4
	1	0753	1095	1416	1715	2916	3858	4096	4219	4116	3951	3456	2500	3	
	2	0023	0051	0088	0135	0486	1157	1536	2109	2646	2963	3456	3750	2	
	3		0001	0002	0005	0036	0154	0256	0469	0756	0988	1536	2500	1	
	4					0001	0008	0016	0039	0081	0123	0256	0625	0	
5	0	0,9039	8587	8154	7738	5905	4019	3277	2373	1681	1317	0778	0313	5	5
	1	0922	1328	1699	2036	3281	4019	4096	3955	3602	3292	2592	1563	4	
	2	0038	0082	0142	0214	0729	1608	2048	2637	3087	3292	3456	3125	3	
	3	0001	0003	0006	0011	0081	0322	0512	0879	1323	1646	2304	3125	2	
	4					0005	0032	0064	0146	0284	0412	0768	1563	1	
	5						0001	0003	0010	0024	0041	0102	0313	0	
6	0	0,8858	8330	7828	7351	5314	3349	2621	1780	1176	0878	0467	0156	6	6
	1	1085	1546	1957	2321	3543	4019	3932	3560	3025	2634	1866	0938	5	
	2	0055	0120	0204	0305	0984	2009	2458	2966	3241	3292	3110	2344	4	
	3	0002	0005	0011	0021	0146	0536	0819	1318	1852	2195	2765	3125	3	
	4				0001	0012	0080	0154	0330	0595	0823	1382	2344	2	
	5					0001	0006	0015	0044	0102	0165	0369	0938	1	
	6							0001	0002	0007	0014	0041	0156	0	
7	0	0,8681	8080	7514	6983	4783	2791	2097	1335	0824	0585	0280	0078	7	7
	1	1240	1749	2192	2573	3720	3907	3670	3115	2471	2048	1306	0547	6	
	2	0076	0162	0274	0406	1240	2344	2753	3115	3177	3073	2613	1641	5	
	3	0003	0008	0019	0036	0230	0781	1147	1730	2269	2561	2903	2734	4	
	4			0001	0002	0026	0156	0287	0577	0972	1280	1935	2734	3	
	5					0002	0019	0043	0115	0250	0384	0774	1641	2	
	6						0001	0004	0001	0036	0064	0172	0547	1	
	7								0001	0002	0005	0016	0078	0	
8	0	0,8508	7837	7214	6634	4305	2326	1678	1001	0576	0390	0168	0039	8	8
	1	1389	1939	2405	2793	3826	3721	3355	2670	1977	1561	0896	0313	7	
	2	0099	0210	0351	0515	1488	2605	2936	3115	2965	2731	2090	1094	6	
	3	0004	0013	0029	0054	0331	1042	1468	2076	2541	2731	2787	2188	5	
	4		0001	0002	0004	0046	0260	0459	0865	1361	1707	2322	2734	4	
	5					0004	0042	0092	0231	0467	0683	1239	2188	3	
	6						0004	0011	0038	0100	0171	0413	1094	2	
	7							0001	0004	0012	0024	0079	0313	1	
	8									0001	0002	0007	0039	0	
9	0	0,8337	7602	6925	6302	3874	1938	1342	0751	0404	0260	0101	0020	9	9
	1	1531	2116	2597	2985	3874	3489	3020	2253	1556	1171	0605	0176	8	
	2	0125	0262	0433	0629	1722	2791	3020	3003	2668	2341	1612	0703	7	
	3	0006	0019	0042	0077	0446	1302	1762	2336	2668	2731	2508	1641	6	
	4		0001	0003	0006	0074	0391	0661	1168	1715	2048	2508	2461	5	
	5					0008	0078	0165	0389	0735	1024	1672	2461	4	
	6					0001	0010	0028	0087	0210	0341	0743	1641	3	
	7						0001	0003	0012	0039	0073	0212	0703	2	
	8								0001	0004	0009	0035	0176	1	
	9										0001	0003	0020	0	
n		0,98	0,97	0,96	0,95	0,90	5/6	0,80	0,75	0,70	2/3	0,60	0,50	k	n

Für $p \geq 0{,}5$ verwendet man den rot unterlegten Eingang.

Tabelle 2: Binomialverteilung

$$B(n; p; k) = \binom{n}{k} p^k (1-p)^{n-k}$$

n	k	0,02	0,03	0,04	0,05	0,10	1/6	0,20	0,25	0,30	1/3	0,40	0,50		n
10	0	0,8171	7374	6648	5987	3487	1615	1074	0563	0282	0173	0060	0010	10	
	1	1667	2281	2770	3151	3874	3230	2684	1877	1211	0867	0403	0098	9	
	2	0153	0317	0519	0746	1937	2907	3020	2816	2335	1951	1209	0439	8	
	3	0008	0026	0058	0105	0574	1550	2013	2503	2668	2601	2150	1172	7	10
	4		0001	0004	0010	0112	0543	0881	1460	2001	2276	2508	2051	6	
	5				0001	0015	0130	0264	0584	1029	1366	2007	2461	5	
	6					0001	0022	0055	0162	0368	0569	1115	2051	4	
	7						0002	0008	0031	0090	0163	0425	1172	3	
	8							0001	0004	0014	0030	0106	0439	2	
	9									0001	0003	0016	0098	1	
	10											0001	0010	0	
15	0	0,7386	6333	5421	4633	2059	0649	0352	0134	0047	0023	0005	0000	15	
	1	2261	2938	3388	3658	3432	1947	1319	0668	0305	0171	0047	0005	14	
	2	0323	0636	0988	1348	2669	2726	2309	1559	0916	0599	0219	0032	13	
	3	0029	0085	0178	0307	1285	2363	2501	2252	1700	1299	0634	0139	12	
	4	0002	0008	0022	0049	0428	1418	1876	2252	2186	1948	1268	0417	11	
	5		0001	0002	0006	0105	0624	1032	1651	2061	2143	1859	0916	10	
	6					0019	0208	0430	0917	1472	1786	2066	1527	9	15
	7					0003	0053	0138	0393	0811	1148	1771	1964	8	
	8						0011	0035	0131	0348	0574	1181	1964	7	
	9						0002	0007	0034	0116	0223	0612	1527	6	
	10							0001	0007	0030	0067	0245	0916	5	
	11								0001	0006	0015	0074	0417	4	
	12									0001	0003	0016	0139	3	
	13											0003	0032	2	
	14												0005	1	
	15													0	
20	0	0,6676	5438	4420	3585	1216	0261	0115	0032	0008	0003	0000	0000	20	
	1	2725	3364	3683	3774	2702	1043	0576	0211	0068	0030	0005	0000	19	
	2	0528	0988	1458	1887	2852	1982	1369	0669	0278	0143	0031	0002	18	
	3	0065	0183	0364	0596	1901	2379	2054	1339	0716	0429	0123	0011	17	
	4	0006	0024	0065	0133	0898	2022	2182	1897	1304	0911	0350	0046	16	
	5		0002	0009	0022	0319	1294	1746	2023	1789	1457	0746	0148	15	
	6			0001	0003	0089	0647	1091	1686	1916	1821	1244	0370	14	
	7					0020	0259	0545	1124	1643	1821	1659	0739	13	
	8					0004	0084	0222	0609	1144	1480	1797	1201	12	
	9					0001	0022	0074	0270	0654	0987	1597	1602	11	20
	10						0005	0020	0099	0308	0543	1171	1762	10	
	11						0001	0005	0030	0120	0247	0710	1602	9	
	12							0001	0008	0039	0092	0355	1201	8	
	13								0002	0010	0028	0146	0739	7	
	14									0002	0007	0049	0370	6	
	15										0001	0013	0148	5	
	16											0003	0046	4	
	17												0011	3	
	18												0002	2	
	19													1	
	20													0	
n		0,98	0,97	0,96	0,95	0,90	5/6	0,80	0,75	0,70	2/3	0,60	0,50	k	n

Für $p \geq 0{,}5$ verwendet man den rot unterlegten Eingang.

Tabellen

Tabelle 3: Kumulierte Binomialverteilung

$$F(n; p; k) = B(n; p; 0) + \ldots + B(n; p; k) = \binom{n}{0} p^0 (1-p)^{n-0} + \ldots + \binom{n}{k} p^k (1-p)^{n-k}$$

n	k	0,02	0,03	0,04	0,05	0,10	1/6	0,20	0,25	0,30	1/3	0,40	0,50		n
2	0	0,9604	9409	9216	9025	8100	6944	6400	5625	4900	4444	3600	2500	1	2
	1	9996	9991	9984	9975	9900	9722	9600	9375	9100	8889	8400	7500	0	
3	0	0,9412	9127	8847	8574	7290	5787	5120	4219	3430	2963	2160	1250	2	3
	1	9988	9974	9953	9928	9720	9259	8960	8438	7840	7407	6480	5000	1	
	2			9999	9999	9990	9954	9920	9844	9730	9630	9360	8750	0	
4	0	0,9224	8853	8493	8145	6561	4823	4096	3164	2401	1975	1296	0625	3	4
	1	9977	9948	9909	9860	9477	8681	8192	7383	6517	5926	4752	3125	2	
	2		9999	9998	9995	9963	9838	9728	9492	9163	8889	8208	6875	1	
	3					9999	9992	9984	9961	9919	9877	9744	9375	0	
5	0	0,9039	8587	8154	7738	5905	4019	3277	2373	1681	1317	0778	0313	4	5
	1	9962	9915	9852	9774	9185	8038	7373	6328	5282	4609	3370	1875	3	
	2	9999	9997	9994	9988	9914	9645	9421	8965	8369	7901	6826	5000	2	
	3				9995	9967	9933	9844	9692	9547	9130	8125		1	
	4					9999	9997	9990	9976	9959	9898	9688		0	
6	0	0,8858	8330	7828	7351	5314	3349	2621	1780	1176	0878	0467	0156	5	6
	1	9943	9875	9784	9672	8857	7368	6554	5339	4202	3512	2333	1094	4	
	2	9998	9995	9988	9978	9842	9377	9011	8306	7443	6804	5443	3438	3	
	3				9999	9987	9913	9830	9624	9295	8999	8208	6563	2	
	4					9999	9993	9984	9954	9891	9822	9590	8906	1	
	5						9999	9999	9998	9993	9986	9959	9844	0	
7	0	0,8681	8080	7514	6983	4783	2791	2097	1335	0824	0585	0280	0078	6	7
	1	9921	9829	9706	9556	8503	6698	5767	4450	3294	2634	1586	0625	5	
	2	9997	9991	9980	9962	9743	9042	8520	7564	6471	5706	4199	2266	4	
	3			9999	9998	9973	9824	9667	9294	8740	8267	7102	5000	3	
	4					9998	9980	9953	9871	9712	9547	9037	7734	2	
	5						9999	9996	9987	9962	9931	9812	9375	1	
	6								9999	9998	9995	9984	9922	0	
8	0	0,8508	7837	7214	6634	4305	2326	1678	1001	0576	0390	0168	0039	7	8
	1	9897	9777	9619	9428	8131	6047	5033	3670	2553	1951	1064	0352	6	
	2	9996	9987	9969	9942	9619	8652	7969	6786	5518	4682	3154	1445	5	
	3		9999	9998	9996	9950	9693	9457	8862	8059	7414	5941	3633	4	
	4				9996	9954	9896	9727	9420	9121	8263	6367		3	
	5					9996	9988	9958	9887	9803	9502	8555		2	
	6						9999	9996	9987	9974	9915	9648		1	
	7								9999	9998	9993	9961		0	
9	0	0,8337	7602	6925	6302	3874	1938	1342	0751	0404	0260	0101	0020	8	9
	1	9869	9718	9222	9288	7748	5427	4362	3003	1960	1431	0705	0195	7	
	2	9994	9980	9955	9916	9470	8217	7382	6007	4628	3772	2318	0898	6	
	3		9999	9997	9994	9917	9520	9144	8343	7297	6503	4826	2539	5	
	4					9991	9911	9804	9511	9012	8552	7334	5000	4	
	5					9999	9989	9969	9900	9747	9576	9006	7461	3	
	6						9999	9997	9987	9957	9917	9750	9102	2	
	7							9999	9996	9990	9962	9805		1	
	8									9999	9997	9980		0	
n		0,98	0,97	0,96	0,95	0,90	5/6	0,80	0,75	0,70	2/3	0,60	0,50	k	n

Nicht aufgeführte Werte sind (auf 4 Dez.) 1,0000.

Bei rot unterlegtem Eingang, d. h. $p \geq 0,5$ gilt: $F(n; p; k) = 1-$ abgelesener Wert.

Tabelle 3: Kumulierte Binomialverteilung

$$F(n;p;k) = B(n;p;0) + \ldots + B(n;p;k) = \binom{n}{0}p^0(1-p)^{n-0} + \ldots + \binom{n}{k}p^k(1-p)^{n-k}$$

n	k	0,02	0,03	0,04	0,05	0,10	1/6	0,20	0,25	0,30	1/3	0,40	0,50		n
10	0	0,8171	7374	6648	5987	3487	1615	1074	0563	0282	0173	0060	0010	9	10
	1	9838	9655	9418	9139	7361	4845	3758	2440	1493	1040	0464	0107	8	
	2	9991	9972	9938	9885	9298	7752	6778	5256	3828	2991	1673	0547	7	
	3		9999	9996	9990	9872	9303	8791	7759	6496	5593	3823	1719	6	
	4				9999	9984	9845	9672	9219	8497	7869	6331	3770	5	
	5					9999	9976	9936	9803	9527	9234	8338	6230	4	
	6						9997	9991	9965	9894	9803	9452	8281	3	
	7							9999	9996	9984	9966	9877	9453	2	
	8									9999	9996	9983	9893	1	
	9											9999	9990	0	
11	0	0,8007	7153	6382	5688	3138	1346	0859	0422	0198	0116	0036	0005	10	11
	1	9805	9587	9308	8981	6974	4307	3221	1971	1130	0751	0302	0059	9	
	2	9988	9963	9917	9848	9104	7268	6174	4552	3127	2341	1189	0327	8	
	3		9998	9993	9984	9815	9044	8389	7133	5696	4726	2963	1133	7	
	4				9999	9972	9755	9496	8854	7897	7110	5328	2744	6	
	5					9997	9954	9883	9657	9218	8779	7535	5000	5	
	6						9994	9980	9925	9784	9614	9006	7256	4	
	7						9999	9998	9989	9957	9912	9707	8867	3	
	8									9994	9986	9941	9673	2	
	9										9999	9993	9941	1	
	10												9995	0	
12	0	0,7847	6938	6127	5404	2824	1122	0687	0317	0138	0077	0022	0002	11	12
	1	9769	9514	9191	8816	6590	3813	2749	1584	0850	0540	0196	0032	10	
	2	9985	9952	9893	9804	8891	6774	5583	3907	2528	1811	0834	0193	9	
	3	9999	9997	9990	9978	9744	8748	7946	6488	4925	3931	2253	0730	8	
	4			9999	9998	9957	9637	9274	8424	7237	6315	4382	1938	7	
	5					9995	9921	9806	9456	8822	8223	6652	3872	6	
	6						9987	9961	9857	9614	9336	8418	6128	5	
	7						9998	9994	9972	9905	9812	9427	8062	4	
	8							9999	9996	9983	9961	9847	9270	3	
	9									9998	9995	9972	9807	2	
	10											9997	9968	1	
	11												9998	0	
13	0	0,7690	6730	5882	5133	2542	0935	0550	0238	0097	0051	0013	0001	12	13
	1	9730	9436	9068	8646	6213	3365	2336	1267	0637	0385	0126	0017	11	
	2	9980	9938	9865	9755	8661	6281	5017	3326	2025	1387	0579	0112	10	
	3	9999	9995	9986	9969	9658	8419	7473	5843	4206	3224	1686	0461	9	
	4			9999	9997	9935	9488	9009	7940	6543	5520	3520	1334	8	
	5					9991	9873	9700	9198	8346	7587	5744	2905	7	
	6					9999	9976	9930	9757	9376	8965	7712	5000	6	
	7						9997	9988	9943	9818	9653	9023	7095	5	
	8							9998	9990	9960	9912	9679	8666	4	
	9								9999	9993	9984	9922	9539	3	
	10									9999	9998	9987	9888	2	
	11											9999	9983	1	
	12	Nicht aufgeführte Werte sind (auf 4 Dez.) 1,0000.											9999	0	
n		0,98	0,97	0,96	0,95	0,90	5/6	0,80	0,75	0,70	2/3	0,60	0,50	k	n

Bei rot unterlegtem Eingang, d.h. $p \geq 0{,}5$ gilt: $F(n;p;k) = 1 -$ abgelesener Wert.

Tabelle 3: Kumulierte Binomialverteilung

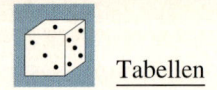

$$F(n; p; k) = B(n; p; 0) + \ldots + B(n; p; k) = \binom{n}{0} p^0 (1-p)^{n-0} + \ldots + \binom{n}{k} p^k (1-p)^{n-k}$$

n	k	0,02	0,03	0,04	0,05	0,10	1/6	0,20	0,25	0,30	1/3	0,40	0,50	k	n
14	0	0,7536	6528	5647	4877	2288	0779	0440	0178	0068	0034	0008	0001	13	14
	1	9690	9355	8941	8470	5846	2960	1979	1010	0475	0274	0081	0009	12	
	2	9975	9923	9823	9699	8416	5795	4481	2812	1608	1053	0398	0065	11	
	3	9999	9994	9981	9958	9559	8063	6982	5214	3552	2612	1243	0287	10	
	4			9998	9996	9908	9310	8702	7416	5842	4755	2793	0898	9	
	5					9985	9809	9561	8884	7805	6898	4859	2120	8	
	6					9998	9959	9884	9618	9067	8505	6925	3953	7	
	7						9993	9976	9898	9685	9424	8499	6047	6	
	8						9999	9996	9980	9917	9826	9417	7880	5	
	9								9998	9983	9960	9825	9102	4	
	10									9998	9993	9961	9713	3	
	11										9999	9994	9935	2	
	12											9999	9991	1	
	13												9999	0	
15	0	0,7386	6333	5421	4633	2059	0649	0352	0134	0047	0023	0005	0000	14	15
	1	9647	9270	8809	8290	5490	2596	1671	0802	0353	0194	0052	0005	13	
	2	9970	9906	9797	9638	8159	5322	3980	2361	1268	0794	0271	0037	12	
	3	9998	9992	9976	9945	9444	7685	6482	4613	2969	2092	0905	0176	11	
	4		9999	9998	9994	9873	9102	8358	6865	5155	4041	2173	0592	10	
	5				9999	9978	9726	9389	8516	7216	6184	4032	1509	9	
	6					9997	9934	9819	9434	8689	7970	6098	3036	8	
	7						9987	9958	9827	9500	9118	7869	5000	7	
	8						9998	9992	9958	9848	9692	9050	6964	6	
	9							9999	9992	9963	9915	9662	8491	5	
	10								9999	9993	9982	9907	9408	4	
	11									9999	9997	9981	9824	3	
	12											9997	9963	2	
	13												9995	1	
	14													0	
16	0	0,7238	6143	5204	4401	1853	0541	0281	0100	0033	0015	0003	0000	15	16
	1	9601	9182	8673	8108	5147	2272	1407	0635	0261	0137	0033	0003	14	
	2	9963	9887	9758	9571	7892	4868	3518	1971	0994	0594	0183	0021	13	
	3	9998	9989	9968	9930	9316	7291	5981	4050	2459	1659	0651	0106	12	
	4		9999	9997	9991	9830	8866	7982	6302	4499	3391	1666	0384	11	
	5				9999	9967	9622	9183	8103	6598	5469	3288	1051	10	
	6					9995	9899	9733	9204	8247	7374	5272	2272	9	
	7					9999	9979	9930	9729	9256	8735	7161	4018	8	
	8						9996	9985	9925	9743	9500	8577	5982	7	
	9							9998	9984	9929	9841	9417	7728	6	
	10								9997	9984	9960	9809	8949	5	
	11									9997	9992	9951	9616	4	
	12										9999	9991	9894	3	
	13											9999	9979	2	
	14												9997	1	
	15													0	
n		0,98	0,97	0,96	0,95	0,90	5/6	0,80	0,75	0,70	2/3	0,60	0,50	k	n

Nicht aufgeführte Werte sind (auf 4 Dez.) 1,0000.

Bei rot unterlegtem Eingang, d.h. $p \geq 0,5$ gilt: $F(n; p; k) = 1-$ abgelesener Wert.

Tabelle 3: Kumulierte Binomialverteilung

$$F(n; p; k) = B(n; p; 0) + \ldots + B(n; p; k) = \binom{n}{0}p^0(1-p)^{n-0} + \ldots + \binom{n}{k}p^k(1-p)^{n-k}$$

n	k	0,02	0,03	0,04	0,05	0,10	1/6	0,20	0,25	0,30	1/3	0,40	0,50	k	n
17	0	0,7093	5958	4996	4181	1668	0451	0225	0075	0023	0010	0002	0000	16	17
	1	9554	9091	8535	7922	4818	1983	1182	0501	0193	0096	0021	0001	15	
	2	9956	9866	9714	9497	7618	4435	3096	1637	0774	0442	0123	0012	14	
	3	9997	9986	9960	9912	9174	6887	5489	3530	2019	1304	0464	0064	13	
	4		9999	9996	9988	9779	8604	7582	5739	3887	2814	1260	0245	12	
	5				9999	9953	9496	8943	7653	5968	4777	2639	0717	11	
	6					9992	9853	9623	8929	7752	6739	4478	1662	10	
	7					9999	9965	9891	9598	8954	8281	6405	3145	9	
	8						9993	9974	9876	9597	9245	8011	5000	8	
	9						9999	9995	9969	9873	9727	9081	6855	7	
	10							9999	9994	9968	9920	9652	8338	6	
	11								9999	9993	9981	9894	9283	5	
	12									9999	9997	9975	9755	4	
	13											9995	9936	3	
	14											9999	9988	2	
	15												9999	1	
18	0	0,6951	5780	4796	3972	1501	0376	0180	0056	0016	0007	0001	0000	17	18
	1	9505	8997	8393	7735	4503	1728	0991	0395	0142	0068	0013	0001	16	
	2	9948	9843	9667	9419	7338	4027	2713	1353	0600	0326	0082	0007	15	
	3	9996	9982	9950	9891	9018	6479	5010	3057	1646	1017	0328	0038	14	
	4		9999	9994	9985	9718	8318	7164	5187	3327	2311	0942	0154	13	
	5				9998	9936	9347	8671	7175	5344	4122	2088	0481	12	
	6					9988	9794	9487	8610	7217	6085	3743	1189	11	
	7					9998	9947	9837	9431	8593	7767	5634	2403	10	
	8						9989	9957	9807	9404	8924	7368	4073	9	
	9						9998	9991	9946	9790	9567	8653	5927	8	
	10							9998	9988	9939	9856	9424	7597	7	
	11								9998	9986	9961	9797	8811	6	
	12									9997	9991	9943	9519	5	
	13										9999	9987	9846	4	
	14											9998	9962	3	
	15												9993	2	
	16												9999	1	
19	0	0,6812	5606	4604	3774	1351	0313	0144	0042	0011	0005	0001	0000	18	19
	1	9454	8900	8249	7547	4203	1502	0829	0310	0104	0047	0008	0000	17	
	2	9939	9817	9616	9335	7054	3643	2369	1113	0462	0240	0055	0004	16	
	3	9995	9978	9939	9868	8850	6070	4551	2631	1332	0787	0230	0022	15	
	4		9998	9993	9980	9648	8011	6733	4654	2822	1879	0696	0096	14	
	5			9999	9998	9914	9176	8369	6678	4739	3519	1629	0318	13	
	6					9983	9719	9324	8251	6655	5431	3081	0835	12	
	7					9997	9921	9767	9225	8180	7207	4878	1796	11	
	8						9982	9933	9713	9161	8538	6675	3238	10	
	9						9996	9984	9911	9674	9352	8139	5000	9	
	10						9999	9997	9977	9895	9759	9115	6762	8	
	11								9995	9972	9926	9648	8204	7	
	12								9999	9994	9981	9884	9165	6	
	13									9999	9996	9969	9682	5	
	14										9999	9994	9904	4	
	15											9999	9978	3	
	16												9996	2	
	17	Nicht aufgeführte Werte sind (auf 4 Dez.) 1,0000.												1	
n		0,98	0,97	0,96	0,95	0,90	5/6	0,80	0,75	0,70	2/3	0,60	0,50	k	n

Bei rot unterlegtem Eingang, d. h. $p \geq 0{,}5$ gilt: $F(n; p; k) = 1 -$ abgelesener Wert.

Tabelle 3: Kumulierte Binomialverteilung

$$F(n;p;k) = B(n;p;0) + \ldots + B(n;p;k) = \binom{n}{0}p^0(1-p)^{n-0} + \ldots + \binom{n}{k}p^k(1-p)^{n-k}$$

n	k	0,02	0,03	0,04	0,05	0,10	1/6	0,20	0,25	0,30	1/3	0,40	0,50		n
20	0	0,6676	5438	4420	3585	1216	0261	0115	0032	0008	0003	0000	0000	19	20
	1	9401	8802	8103	7358	3917	1304	0692	0243	0076	0033	0005	0000	18	
	2	9929	9790	9561	9245	6769	3287	2061	0913	0355	0176	0036	0002	17	
	3	9994	9973	9926	9841	8670	5665	4114	2252	1071	0604	0160	0013	16	
	4		9997	9990	9974	9568	7687	6296	4148	2375	1515	0510	0059	15	
	5			9999	9997	9887	8982	8042	6172	4164	2972	1256	0207	14	
	6					9976	9629	9133	7858	6080	4793	2500	0577	13	
	7					9996	9887	9679	8982	7723	6615	4159	1316	12	
	8					9999	9972	9900	9591	8867	8095	5956	2517	11	
	9						9994	9974	9861	9520	9081	7553	4119	10	
	10						9999	9994	9960	9829	9624	8725	5881	9	
	11							9999	9990	9949	9870	9435	7483	8	
	12								9998	9987	9963	9790	8684	7	
	13									9997	9991	9935	9423	6	
	14										9998	9984	9793	5	
	15											9997	9941	4	
	16												9987	3	
	17												9998	2	
50	0	0,3642	2181	1299	0769	0052	0001	0000	0000	0000	0000	0000	0000	49	50
	1	7358	5553	4005	2794	0338	0012	0002	0000	0000	0000	0000	0000	48	
	2	9216	8108	6767	5405	1117	0066	0013	0001	0000	0000	0000	0000	47	
	3	9822	9372	8609	7604	2503	0238	0057	0005	0000	0000	0000	0000	46	
	4	9968	9832	9510	8964	4312	0643	0185	0021	0002	0000	0000	0000	45	
	5	9995	9963	9856	9622	6161	1388	0480	0070	0007	0001	0000	0000	44	
	6	9999	9993	9964	9882	7702	2506	1034	0194	0025	0005	0000	0000	43	
	7		9999	9992	9968	8779	3911	1904	0453	0073	0017	0000	0000	42	
	8			9999	9992	9421	5421	3073	0916	0183	0050	0002	0000	41	
	9				9998	9755	6830	4437	1637	0402	0127	0008	0000	40	
	10					9906	7986	5836	2622	0789	0284	0022	0000	39	
	11					9968	8827	7107	3816	1390	0570	0057	0000	38	
	12					9990	9373	8139	5110	2229	1035	0133	0002	37	
	13					9997	9693	8894	6370	3279	1715	0280	0005	36	
	14					9999	9862	9393	7481	4468	2612	0540	0013	35	
	15						9943	9692	8369	5692	3690	0955	0033	34	
	16						9978	9856	9017	6839	4868	1561	0077	33	
	17						9992	9937	9449	7822	6046	2369	0164	32	
	18						9998	9975	9713	8594	7126	3356	0325	31	
	19						9999	9991	9861	9152	8036	4465	0595	30	
	20							9997	9937	9522	8741	5610	1013	29	
	21							9999	9974	9749	9244	6701	1611	28	
	22								9990	9877	9576	7660	2399	27	
	23								9997	9944	9778	8438	3359	26	
	24								9999	9976	9892	9022	4439	25	
	25									9991	9951	9427	5561	24	
	26									9997	9979	9686	6641	23	
	27									9999	9992	9840	7601	22	
	28										9997	9924	8389	21	
	29										9999	9960	8987	20	
	30											9986	9405	19	
	31											9995	9675	18	
	32											9998	9836	17	
	33											9999	9923	16	
	34												9967	15	
	35												9987	14	
	36												9995	13	
	37	Nicht aufgeführte Werte sind (auf 4 Dez.) 1,0000.											9998	12	
n		0,98	0,97	0,96	0,95	0,90	5/6	0,80	0,75	0,70	2/3	0,60	0,50	k	n

Bei rot unterlegtem Eingang, d.h. $p \geq 0{,}5$ gilt: $F(n;p;k) = 1 - $ abgelesener Wert.

Tabelle 3: Kumulierte Binomialverteilung

$$F(n; p; k) = B(n; p; 0) + \ldots + B(n; p; k) = \binom{n}{0}p^0(1-p)^{n-0} + \ldots + \binom{n}{k}p^k(1-p)^{n-k}$$

n	k	0,02	0,03	0,04	0,05	0,10	1/6	0,20	0,25	0,30	1/3	0,40	0,50		n
	0	0,1986	0874	0382	0165	0002	0000	0000	0000	0000	0000	0000	0000	79	
	1	5230	3038	1654	0861	0022	0000	0000	0000	0000	0000	0000	0000	78	
	2	7844	5681	3748	2306	0107	0001	0000	0000	0000	0000	0000	0000	77	
	3	9231	7807	6016	4284	0353	0004	0000	0000	0000	0000	0000	0000	76	
	4	9776	9072	7836	6289	0880	0015	0001	0000	0000	0000	0000	0000	75	
	5	9946	9667	8988	7892	1769	0051	0005	0000	0000	0000	0000	0000	74	
	6	9989	9897	9588	8947	3005	0140	0018	0001	0000	0000	0000	0000	73	
	7	9998	9972	9853	9534	4456	0328	0053	0002	0000	0000	0000	0000	72	
	8		9993	9953	9816	5927	0672	0131	0006	0000	0000	0000	0000	71	
	9		9999	9987	9935	7234	1221	0287	0018	0001	0000	0000	0000	70	
	10			9997	9979	8266	2002	0565	0047	0002	0000	0000	0000	69	
	11			9999	9994	8996	2995	1006	0106	0006	0001	0000	0000	68	
	12				9998	9462	4137	1640	0221	0015	0002	0000	0000	67	
	13					9732	5333	2470	0421	0036	0005	0000	0000	66	
	14					9877	6476	3463	0740	0079	0012	0000	0000	65	
	15					9947	7483	4555	1208	0161	0029	0000	0000	64	
	16					9979	8301	5664	1841	0302	0063	0001	0000	63	
	17					9992	8917	6707	2636	0531	0126	0003	0000	62	
	18					9997	9348	7621	3563	0873	0237	0007	0000	61	
	19					9999	9629	8366	4572	1352	0418	0016	0000	60	
	20						9801	8934	5597	1978	0693	0035	0000	59	
	21						9899	9340	6574	2745	1087	0072	0000	58	
	22						9951	9612	7447	3627	1616	0136	0000	57	
	23						9978	9783	8180	4579	2282	0245	0001	56	
	24						9990	9885	8761	5549	3073	0417	0002	55	
	25						9996	9942	9195	6479	3959	0675	0005	54	
	26						9998	9972	9501	7323	4896	1037	0011	53	
	27						9999	9987	9705	8046	5832	1521	0024	52	
80	28							9995	9834	8633	6719	2131	0048	51	80
	29							9998	9911	9084	7514	2860	0091	50	
	30							9999	9954	9412	8190	3687	0165	49	
	31								9978	9640	8735	4576	0283	48	
	32								9990	9789	9152	5484	0464	47	
	33								9995	9881	9455	6363	0728	46	
	34								9998	9936	9665	7174	1092	45	
	35								9999	9967	9803	7885	1571	44	
	36									9984	9889	8477	2170	43	
	37									9993	9940	8947	2882	42	
	38									9997	9969	9301	3688	41	
	39									9999	9985	9555	4555	40	
	40									9999	9993	9729	5445	39	
	41										9997	9842	6312	38	
	42										9999	9912	7118	37	
	43										9999	9953	7830	36	
	44											9976	8428	35	
	45											9988	8907	34	
	46											9994	9272	33	
	47											9997	9535	32	
	48											9999	9717	31	
	49											9999	9835	30	
	50												9908	29	
	51												9951	28	
	52												9976	27	
	53												9988	26	
	54												9995	25	
	55												9998	24	
	56	Nicht aufgeführte Werte sind (auf 4 Dez.) 1,0000.											9999	23	
n		0,98	0,97	0,96	0,95	0,90	5/6	0,80	0,75	0,70	2/3	0,60	0,50	k	n

Bei rot unterlegtem Eingang, d.h. $p \geq 0{,}5$ gilt: $F(n; p; k) = 1 -$ abgelesener Wert.

Tabelle 3: Kumulierte Binomialverteilung

$$F(n;\ p;\ k) = B(n;\ p;\ 0) + \ldots + B(n;\ p;\ k) = \binom{n}{0}p^0(1-p)^{n-0} + \ldots + \binom{n}{k}p^k(1-p)^{n-k}$$

n	k	0,02	0,03	0,04	0,05	0,10	1/6	0,20	0,25	0,30	1/3	0,40	0,50	n
	0	0,1326	0476	0169	0059	0000	0000	0000	0000	0000	0000	0000	0000	99
	1	4033	1946	0872	0371	0003	0000	0000	0000	0000	0000	0000	0000	98
	2	6767	4198	2321	1183	0019	0000	0000	0000	0000	0000	0000	0000	97
	3	8590	6472	4295	2578	0078	0000	0000	0000	0000	0000	0000	0000	96
	4	9492	8179	6289	4360	0237	0001	0000	0000	0000	0000	0000	0000	95
	5	9845	9192	7884	6160	0576	0004	0000	0000	0000	0000	0000	0000	94
	6	9959	9688	8936	7660	1172	0013	0001	0000	0000	0000	0000	0000	93
	7	9991	9894	9525	8720	2061	0038	0003	0000	0000	0000	0000	0000	92
	8	9998	9968	9810	9369	3209	0095	0009	0000	0000	0000	0000	0000	91
	9		9991	9932	9718	4513	0213	0023	0000	0000	0000	0000	0000	90
	10		9998	9978	9885	5832	0427	0057	0001	0000	0000	0000	0000	89
	11			9993	9957	7030	0777	0126	0004	0000	0000	0000	0000	88
	12			9998	9985	8018	1297	0253	0010	0000	0000	0000	0000	87
	13				9995	8761	2000	0469	0025	0001	0000	0000	0000	86
	14				9999	9274	2874	0804	0054	0002	0000	0000	0000	85
	15					9601	3877	1285	0111	0004	0000	0000	0000	84
	16					9794	4942	1923	0211	0010	0001	0000	0000	83
	17					9900	5994	2712	0376	0022	0002	0000	0000	82
	18					9954	6965	3621	0630	0045	0005	0000	0000	81
	19					9980	7803	4602	0995	0089	0011	0000	0000	80
	20					9992	8481	5595	1488	0165	0024	0000	0000	79
	21					9997	8998	6540	2114	0288	0048	0000	0000	78
	22					9999	9370	7389	2864	0479	0091	0001	0000	77
	23						9621	8109	3711	0755	0164	0003	0000	76
	24						9783	8686	4617	1136	0281	0006	0000	75
	25						9881	9125	5535	1631	0458	0012	0000	74
	26						9938	9442	6417	2244	0715	0024	0000	73
	27						9969	9658	7224	2964	1066	0046	0000	72
	28						9985	9800	7925	3768	1524	0084	0000	71
	29						9993	9888	8505	4623	2093	0148	0000	70
	30						9997	9939	8962	5491	2766	0248	0000	69
	31						9999	9969	9307	6331	3525	0398	0001	68
	32							9985	9554	7107	4344	0615	0002	67
100	33							9993	9724	7793	5188	0913	0004	66	100
	34							9997	9836	8371	6019	1303	0009	65
	35							9999	9906	8839	6803	1795	0018	64
	36								9948	9201	7511	2386	0033	63
	37								9973	9470	8123	3068	0060	62
	38								9986	9660	8630	3822	0105	61
	39								9993	9790	9034	4621	0176	60
	40								9997	9875	9341	5433	0284	59
	41								9999	9928	9566	6225	0443	58
	42									9960	9724	6967	0666	57
	43									9979	9831	7635	0967	56
	44									9989	9900	8211	1356	55
	45									9995	9943	8689	1841	54
	46									9997	9969	9070	2421	53
	47									9999	9983	9362	3087	52
	48										9991	9577	3822	51
	49										9996	9729	4602	50
	50										9998	9832	5398	49
	51										9999	9900	6178	48
	52											9942	6914	47
	53											9968	7579	46
	54											9983	8159	45
	55											9991	8644	44
	56											9996	9033	43
	57											9998	9334	42
	58											9999	9557	41
	59												9716	40
	60												9824	39
	61												9895	38
	62												9940	37
	63												9967	36
	64												9982	35
	65												9991	34
	66												9996	33
	67												9998	32
	68	Nicht aufgeführte Werte sind (auf 4 Dez.) 1,0000.											9999	31
n		0,98	0,97	0,96	0,95	0,90	5/6	0,80	0,75	0,70	2/3	0,60	0,50	k	n

Bei rot unterlegtem Eingang, d. h. p ≥ 0,5 gilt: F(n; p; k) = 1− abgelesener Wert.

Tabelle 4: Normalverteilung

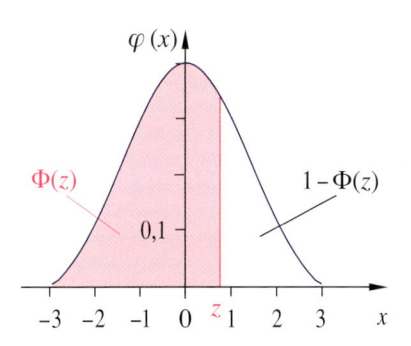

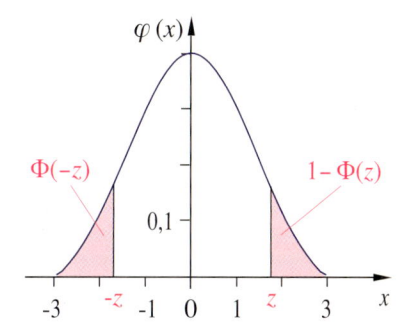

$\phi(z) = 0, \ldots$
$\phi(-z) = 1 - \phi(z)$

z	0	1	2	3	4	5	6	7	8	9
0,0	5000	5040	5080	5120	5160	5199	5239	5279	5319	5359
0,1	5398	5438	5478	5517	5557	5596	5636	5675	5714	5753
0,2	5793	5832	5871	5910	5948	5987	6026	6064	6103	6141
0,3	6179	6217	6255	6293	6331	6368	6406	6443	6480	6517
0,4	6554	6591	6628	6664	6700	6736	6772	6808	6844	6879
0,5	6915	6950	6985	7019	7054	7088	7123	7157	7190	7224
0,6	7257	7291	7324	7357	7389	7422	7454	7486	7517	7549
0,7	7580	7611	7642	7673	7703	7734	7764	7794	7823	7852
0,8	7881	7910	7939	7967	7995	8023	8051	8078	8106	8133
0,9	8159	8186	8212	8238	8264	8289	8315	8340	8365	8389
1,0	8413	8438	8461	8485	8508	8531	8554	8577	8599	8621
1,1	8643	8665	8686	8708	8729	8749	8770	8790	8810	8830
1,2	8849	8869	8888	8907	8925	8944	8962	8980	8997	9015
1,3	9032	9049	9066	9082	9099	9115	9131	9147	9162	9177
1,4	9192	9207	9222	9236	9251	9265	9279	9292	9306	9319
1,5	9332	9345	9357	9370	9382	9394	9406	9418	9429	9441
1,6	9452	9463	9474	9484	9495	9505	9515	9525	9535	9545
1,7	9554	9564	9573	9582	9591	9599	9608	9616	9625	9633
1,8	9641	9649	9656	9664	9671	9678	9686	9693	9699	9706
1,9	9713	9719	9726	9732	9738	9744	9750	9756	9761	9767
2,0	9772	9778	9783	9788	9793	9798	9803	9808	9812	9817
2,1	9821	9826	9830	9834	9838	9842	9846	9850	9854	9857
2,2	9861	9864	9868	9871	9875	9878	9881	9884	9887	9890
2,3	9893	9896	9898	9901	9904	9906	9909	9911	9913	9916
2,4	9918	9920	9922	9925	9927	9929	9931	9932	9934	9936
2,5	9938	9940	9941	9943	9945	9946	9948	9949	9951	9952
2,6	9953	9955	9956	9957	9959	9960	9961	9962	9963	9964
2,7	9965	9966	9967	9968	9969	9970	9971	9972	9973	9974
2,8	9974	9975	9976	9977	9977	9978	9979	9979	9980	9981
2,9	9981	9982	9982	9983	9984	9984	9985	9985	9986	9986
3,0	9987	9987	9987	9988	9988	9989	9989	9989	9990	9990
3,1	9990	9991	9991	9991	9992	9992	9992	9992	9993	9993
3,2	9993	9993	9994	9994	9994	9994	9994	9995	9995	9995
3,3	9995	9995	9996	9996	9996	9996	9996	9996	9996	9997
3,4	9997	9997	9997	9997	9997	9997	9997	9997	9997	9998

Beispiele für den Gebrauch der Tabelle:

$\phi(2,37) = 0,9911;$ $\qquad \phi(-2,37) = 1 - \phi(2,37) = 1 - 0,9911 = 0,0089;$
$\phi(z) = 0,7910 \Rightarrow z = 0,81;$ $\qquad \phi(z) = 0,2090 = 1 - 0,7910 \Rightarrow z = -0,81$

Stichwortverzeichnis

Ablehnungsbereich 86
Ableitung einer Funktion 43f.
Abschreibung 23
absolute Extrema 46
absolute Häufigkeit 71
Absolutglied 67
Abspalten von Linearfaktoren 10
Abstand Punkt-Gerade 54
Abstände 65f.
Achsenabschnitt 18
Achsenabschnittsform 54
Achsensymmetrie 17, 19, 21
Addition 5ff., 15
Addition von Matrizen 69
Addition von Vektoren 58
Additionstheoreme 34
Adjunktion 8f.
Ähnlichkeitssätze 27
allgemeine Form 54
Allgemeingültigkeit 9
Allquantor 9
Alternativgesetz 61
Annuität 23
Antiproportionalität 19
A-posteriori-Wahrscheinlichkeiten 75
A-priori-Wahrscheinlichkeiten 75
Äquivalenzumformungen 10
Arcus-Kosinus 35
Arcus-Sinus 35
Arcus-Tangens 35
Argument einer komplexen Zahl 16
arithmetische Reihen 38
arithmetisches Mittel 7
arithmetische Vektoren 57
arithmetische Zahlenfolgen 37
Assoziativgesetze 6, 14, 58ff., 69f.
Asymptoten 19
Aussageformen 9
Aussagen 8f.
Aussagenverknüpfungen 8f.
Außenwinkelsatz 24

Barwert 22f.
Barwert einer Rente 23
Barwert eines Kapitals 22
Basisvektoren 61
Basiswinkelsatz 24
Baumdiagramm 76
bedingte Wahrscheinlichkeiten 74f.
Bernoulli-Experimente 80f.

Bernoulli-Ketten 80
Beschränktheit von Funktionen 40
Beschränktheit von Zahlenfolgen 36
bestimmt divergent 36
bestimmtes Integral 50
Betrag einer komplexen Zahl 16
Betrag eines Vektors 57
Betragsfunktion 21
Bijunktion 8ff.
Binomialfunktion 80f.
Binomialkoeffizient 11
binomialverteilte Zufallsgrößen 81
Binomialverteilungen 80f., 90f.
binomische Formeln 10f.
Bisektion 48
Bogenlänge 52
Bogenmaß 25, 32
Bruchzahlen 5

Cantor'sches Axiom 37
Cauchy-Definition 41

Definitionsmenge 17
degressive Abschreibung 23
Determinanten 62
Dichtefunktion 82
Differentialrechnung 43ff.
Differenzenquotient 43
Differenzierbarkeit 43ff.
Diskriminante 12
Distributivgesetze 6, 14, 59ff., 69f.
divergent 36
Division 5ff., 15
Drachenviereck 28
Dreiecke 25ff., 54, 63
Dreiecksungleichung 25
Drei-Punkte-Gleichung 64

e 4, 16
Ebenengleichungen 64
echte Teilmenge 8
Einheitsmatrix 67
Einheitswurzeln 16
einseitiger Test 87f.
Elementarereignis 71
Elementbeziehung 8
Ellipse 55
empirische Häufigkeitsfunktion 78
empirische Verteilungsfunktion 78
Endwert 22f.

Ereignisse 71
Erfüllbarkeit 9
Ergebnisbaum 76
Ergebnisse 71
Erwartungswert 79, 81f., 84
Erweitern 5
erweiterte Matrix 67
Euler'sche Formel 16
Euler'sche Zahl 4, 16
Existenzquantor 9
Exponent 12, 19
Exponentialfunktionen 20
Extrema 46

Faktorregel 44
Fehler 1. Art 86
Fehler 2. Art 86
Flächenmessung 51
Folgerungsumformungen 10
Funktionen 17ff.
Funktionsgleichung 17
Funktionsgraph 17
Funktionsterm 17
Funktionswert 17

Gauß'sche Glockenkurve 82
Gauß'sche Verteilungsfunktion 82
Gauß-Funktion 82
Gauß-Verfahren 68
Gegenereignis 71f.
Gegenvektor 57
Gegenzahl 6
geometrische Darstellung komplexer Zahlen 16
geometrische Reihen 38
geometrisches Mittel 7
geometrische Vektoren 57
geometrische Zahlenfolgen 37
gerade Funktion 17, 19
Geradengleichungen 54, 64
gleichschenkliges Dreieck 28
gleichseitiges Dreieck 24, 28
Gleichungssysteme 67f.
globaler Monotoniesatz 45
Graph von Funktion und Umkehrfunktion 21
Grenzwertbegriff für Zahlenfolgen 36
Grenzwerte bei Funktionen 40ff.
Grenzwertsätze 37, 41
Grundmenge 9
Gruppe 14, 58

harmonische Reihe 39
harmonisches Mittel 7
Häufigkeiten 71f.

Hauptsatz der Infinitesimalrechnung 50
Hesse-Form 54, 64
hochsignifikant 87
Höhen 26
Höhensatz 27
homogene Gleichungssysteme 68
Hyperbel 19, 56

identische Funktion 18
imaginäre Einheit 15
Imaginärteil 15
Inkreis 26
Integralrechnung 49ff.
Integrierbarkeit 50
Intervalle 5
Intervallschachtelung 6, 37
inverse Matrix 70
inverses Element 6, 14f., 58
Irrtumswahrscheinlichkeit 86
Iterationsformel 48

Jahreszinsen 22

kartesisches Koordinatensystem 17
Kathetensatz 27
Kegel 31
Kegelstumpf 31
Kehrwert 5
Kepler'sche Fassregel 52
Kettenregel 45
Koeffizienten 67
Koeffizientenmatrix 67
Kollinearität 59
Kolmogorow-Axiome 74
Kombinatorik 76f.
Kommutativgesetz 6, 14, 58, 60
Komplanarität 59
komplexe Zahlen 15
Konfidenzintervalle 85
Kongruenzsätze 26
konjugiert-komplexe Zahl 15
Konjunktion 8f.
konstante Funktion 18
konvergent 36
Konvergenzkriterien für Reihen 39
Kopien einer Zufallsgröße 84
Körper (Algebra) 14f.
Körper (Geometrie) 30f.
Kosinus 32
Kosinussatz 24
Kotangens 32
Kreis 29, 55, 66
Kreisabschnitt 29

Sichwortverzeichnis

Kreisausschnitt 29
Kreisbogen 29
Kreisfunktionen 32ff.
Kreisinhalt 29
Kreisring 29
Kreissegment 29
Kreissektor 29
Kreisumfang 29
Kreisviereck 29
Kreiszahl 4, 16
kritische Zahl 87
Krümmung 46
Kugel 31, 66
Kugelabschnitt 31
Kugelausschnitt 31
Kugelkappe 31
Kugelschicht 31
Kugelsektor 31
Kugelzone 31
kumulierte Binomialverteilung 92ff.
kumulierte empirische Verteilungsfunktion 78
kumulierte Wahrscheinlichkeitsfunktion 79
Kürzen 5

Länge einer Strecke 54
Laplace-Bedingung 81
Laplace-Experimente 74
leere Menge 8
Leibniz-Kriterium 39
lineare Abhängigkeit 59
lineare Abschreibung 23
lineare Funktionen 18
lineare Gleichungssysteme 67f.
lineare Transformation 79
lineare Unabhängigkeit 59
Linearfaktoren 10, 12
Linkskrümmung 46
linksseitiger Grenzwert 41
Logarithmen 13
Logarithmengesetze 14
Logarithmusfunktionen 20
lokale Extrema 46
lokaler Trennungssatz 45
Lösungsmengen 9
Ludolf'sche Zahl 4, 16

Mac Laurin-Reihe 53
Majorantenkriterium 39
Matrizen 67f.
Median 73
mehrstufige Zufallsexperimente 76f.
Mengen 8
Mengenbildungsoperator 8

Mittelpunkt einer Strecke 54
Mittelpunktswinkel 25
Mittelsenkrechte 26
Mittelwerte 7, 72f., 78
Mittelwertsatz der Differentialrechnung 45
Mittelwertsatz der Integralrechnung 51
mittlere Änderungsrate 43
Modus 73
Monotonie 45
Monotonie von Funktionen 40
Monotonie von Zahlenfolgen 36
Monotoniegesetz 6
Multiplikation 5ff., 15
Multiplikation mit Spaltenvektor 69
Multiplikation von Matrizen 70
Multiplikationssätze 74

nachschüssige Rente 23
Näherungsformeln von Moivre-Laplace 83
Näherungslösungen von Gleichungen 48
Näherungswerte 7
natürliche Exponenten 12
Nebenwinkel 24
neutrales Element 6, 14f., 58
Newton-Verfahren 48
Normalengleichungen 64
Normalform 54
Normalparabel 18
normalverteilte Zufallsgrößen 83
Normalverteilung 82, 99
Nullfolge 36
Nullhypothese 86
Nullstellensatz 42
numerische Integration 52

Oder-Ereignis 71f.
Orthogonalität von Geraden 55
Ortsvektoren 63

Parabel 18, 56
Parallelität von Geraden 55
Parallelogramm 28
Partialsummen 38
partielle Integration 50
Pascal'sches Dreieck 11
Periodizität 33
Peripheriewinkel 25
Permutationen 77
Perzentil 73
Pfadregeln 77
π 4, 16
Plücker-Form 65
Polare 55f., 66

Polarebene 66
Polarkoordinaten 16
Potenzen 12, 15
Potenzfunktionen 18f.
Potenzgesetze 12
Potenzreihen 53
Primzahlen 4
Prisma 30
Produktintegration 50
Produktmenge 8
Produktregel 44, 76
Promilleanteil 22
Proportionalität 18
Proportionalitätsfaktor 18
Prozentanteil 22
Prozentrechnung 22
Punkt-Richtungs-Gleichung 64
Punkt-Steigungsform 54
Punktsymmetrie 17, 19
Pyramide 30
Pyramidenstumpf 30

Quader 30
Quadranten 32
Quadrat 28
quadratische Funktionen 18
quadratische Gleichungen 12
Quadratwurzel 13
Quantoren 9
Quotientenkriterium 39
Quotientenregel 44

Radikand 13
Rang einer Matrix 68
Rangabfall 68
rationale Exponenten 12
rationale Zahlen 6
Raute 28
Realteil 15
Rechteck 28
Rechtskrümmung 46
rechtsseitiger Grenzwert 41
rechtwinklige Dreiecke 27ff.
reelle Exponenten 12
reelle Zahlen 6
Regel von Bernoulli und de L'Hospital 47
Regula falsi 48
reguläre Matrix 70
Reihen 38f.
Rekursionsvorschrift 37
rekursiv definierte Zahlenfolgen 37
relative Anteile 22
relative Häufigkeit 72

Rente 23
Rentenrechnung 22
Restglied 53
Restglied nach Cauchy 53
Restglied nach Lagrange 53
Restmenge 8
Restwert 23
Rhombus 28
Riemann-Integral 50
Rotationskörper 52

Sarrus'sche Regel 62
Satz des Pythagoras 27
Satz des Thales 25
Satz vom Maximum und Minimum 42
Satz von Bayes 75
Satz von Bolzano 42
Satz von der totalen Wahrscheinlichkeit 75
Satz von Rolle 45
Satz von Taylor 53
Satz von Viëta 12
Scheitelform 18
Scheitelpunkt 18, 56
Scheitelwinkel 24
Schnittmenge 8
Schnittwinkel von Geraden 55
Schwerpunkt eines Dreiecks 54
Sehnensatz 29
Sehnen-Tangenten-Satz 29
Sehnenviereck 29
Seitenhalbierende 26
Sekantensatz 29
Sicherheitswahrscheinlichkeit 85f.
σ-Ungleichung 81
signifikant 87
Signifikanztest 86
Signumfunktion 21
Simpson'sche Regel 52
Sinus 32
Sinussatz 34
Skalarprodukt 60
S-Multiplikation von Matrizen 69
S-Multiplikation von Vektoren 58
Spalten einer Matrix 67
Spatprodukt 62
Stahlensätze 27
Stammfunktion 49
Stammfunktionsintegral 50
Standardabweichung 73, 78f., 81, 84
standardisierte Zufallsgröße 79
Startwert 37
Steigung 18, 43
Steigung einer Strecke 54

Sichwortverzeichnis

stetige Zufallsgrößen 82f.
Stetigkeit 42, 45
Stichproben 76f., 84
Stichprobenmittel 84
Stichprobenvarianz 84
Stochastik 71ff.
Strecken 54
Streuung 78
Stufenwinkel 24
Subjunktion 8f., 10
Substitutionsregel 51
Subtraktion 5ff., 15
Subtraktion von Vektoren 58
Summenregel 44
Symmetrie von Funktionen 17

Tangens 32
Tangente 43, 55f., 66
Tangentenviereck 29
Tangentialebene 66
Taylor-Reihe 53
Teilmengen 8
Teilpunkt einer Strecke 54
Testen von Hypothesen 86f.
Tetraeder 30
Tilgung 23
transponierte Matrix 70
Trapez 28
Trapezregel 52
Trennschärfe eines Tests 86
Trigonometrie 32ff.
trigonometrische Funktionen 32ff.
triviale Lösung 68

Umfangswinkel 25
Umgebung 5
Umkehrbarkeit von Funktionen 21
Umkehrfunktion 21, 45
Umkreis 26
Unabhängigkeit von Ereignissen 75
unbestimmte Ausdrücke 47
Und-Ereignis 71
uneigentliche Grenzwerte bei Funktionen 41
uneigentliche Grenzwerte bei Zahlenfolgen 36
Unerfüllbarkeit 9
ungerade Funktion 17, 19
Ungleichungen von Tschebyschew 80f.
unterjährige Verzinsung 22
Unvereinbarkeit von Ereignissen 71f., 75

Varianz 72f., 78f., 81f., 84
Vektoren 57ff.
Vektorprodukt 61

Vereinbarkeit von Ereignissen 71, 75
Vereinigungsmenge 8
Verfahren der Intervallhalbierung 48
Verknüpfung von Funktionen 40
Verknüpfungsgebilde 14
Verteilungsfunktion 79, 82
Vertrauensintervalle 85f.
Vielfaches eines Vektors 58
vollständige Induktion 39
vorschüssige Rente 23

Wahrheitswerte 8f.
Wahrscheinlichkeit 74
Wahrscheinlichkeitsdichte 82
Wahrscheinlichkeitsfunktion 74, 79
Wechselwinkel 24
Wendestellen 46
Wertemenge 17
windschiefe Geraden 66
Winkel 24
Winkel am Dreieck 24
Winkel am Kreis 25
Winkel an Geraden 24
Winkel an Parallelen 24
Winkelfunktionen 32ff.
Winkelgrößen 24, 63, 65
Winkelhalbierende 26, 55
Würfel 30
Wurzelexponent 13
Wurzelfunktionen 20
Wurzelgesetze 13
Wurzelkriterium 39
Wurzeln 13

Zahlenfolgen 36ff.
Zahlenmengen 5
Zählprinzip, allgemeines 76
Zeilen einer Matrix 67
zentraler Grenzwertsatz 83
Zentralwert 73
Zentriwinkel 25
Zerlegung in Linearfaktoren 12
Zinseszinsen 22
Zinsfaktor 22
Zinsrechnung 22
Zufallsexperimente 71
Zufallsgrößen (Zufallsvariablen) 78f.
Zufallsziffern 89
Zwei-Punkte-Form 54
Zwei-Punkte-Gleichung 64
zweiseitiger Test 87f.
Zwischenwertsatz 42
Zylinder 31